2017山西省科技厅山西省软科学一般研究计划项目："利用AR技术推动山西非物质文化遗产产业化发展研究"（项目编号：2017041023-7）
2018山西省哲社规划课题省级重点项目："山西传统美术技艺创新发展研究"（项目编号：2018B240）
院建设项目：山西大学商务学院第三轮专业建设项目——数字媒体艺术专业建设

Analysis of Digital Film
Special Effects Production Techniques

数字影视特效
制作技法解析

王文瑞 著

U0241602

中国纺织出版社有限公司 | 国家一级出版社
全国百佳图书出版单位

内 容 提 要

电影发展史本身就是一部电影科技发展史，先进的数字技术应用到电影特效创作中，不但改变了电影的样貌和风格，也带来了影视艺术的革命。本书总结笔者多年影视特效制作与教学经验，着重讨论影视特效艺术的原理，从数字影视特效应用出发，分析噪波特效、调色特效、文字特效、粒子特效、发光特效、抠像与跟踪特效、仿真特效等特效的制作与应用，并通过影视广告、影视片头、电视节目栏目包装等综合应用，进一步熟悉数字影视特效的创意与制作流程。本书力求在理论与实践相结合的基础上，探讨影视特效设计的规律和手法，为推动我国影视特效艺术的发展贡献一份力量。

图书在版编目（CIP）数据

数字影视特效制作技法解析 / 王文瑞著 . -- 北京：中国纺织出版社有限公司，2019.10（2021.11重印）

ISBN 978-7-5180-6551-6

I. ①数… II. ①王… III. ①图像处理软件 IV.
① TP391.413

中国版本图书馆 CIP 数据核字（2019）第 179450 号

责任编辑：谢婉津　　　　责任校对：楼旭红
责任设计：谷 蕾　　　　　责任印制：王艳丽

中国纺织出版社有限公司出版发行
地址：北京市朝阳区百子湾东里 A407 号楼　邮政编码：100124
销售电话：010 － 67004422　传真：010 － 87155801
http://www.c-textilep.com
中国纺织出版社天猫旗舰店
官方微博 http://weibo.com/2119887771
北京虎彩文化传播有限公司印刷　各地新华书店经销
2019 年 10 月第 1 版　2021 年 11 月第 3 次印刷
开本：710×1000　1/16　印张：11.75
字数：137 千字　定价：49.00 元

前　言 / FOREWORD

我们的生活每天都发生着巨大的变化，科学技术的快速发展更是让人叹为观止。以电影为例，20世纪初，当大家第一次从黑白默片中看到活动的人影时，尖叫声四起，人们纷纷惊奇，不敢相信自己的眼睛。而如今，在虚拟世界里，人类不仅可以上天入地、穿越时光，还能调动一切力量……似乎已经无所不能。只要你能想到的东西，都可以在屏幕上得到实现，优秀的影视特效不断给我们带来视觉和听觉上的震撼。

基于此，笔者立足于"互联网+"的时代背景，从工作实用的角度出发，从基础理论讲解、初级特效制作，到高级插件解析等层层进阶，以飨各位读者。

本书共有六个章节，首章从信号数字化和影像数字化表达两个方面分别论述了当前影视特效制作的技术背景。第二章就影视特效的概念、功能等问题以及相关理论作了深度的专研和详细的阐述，并充分借鉴史学研究的方法对影视特效在模拟时代的发展和数字时代的发展作了溯源性探究。第三章对影视特效的镜头语言、影视特效制作常用软件、影视特效制作常用插件以及影视特效制作与合成的工作流程进行了全面的阐述。第四章在第三章所介绍的相关软件和插件的基础上对图像变形、色彩校正、抠像技术、文字特效制作、发光特效制作等常见的后期特效制作方法进行了专业的剖析和讲解。第五章立足于第四章一般特效制作的基础之上，深入讲解了表达式的运用、仿真模拟的相关概念以及3D图层的应用。最后一章对影视特效在当前电视包装、影视片头和商业广告中的综合应用进行了解剖式的讲解。

针对上述章节，本书的撰写力求体现出以下特性：

第一，实践性。传统影视特效书籍侧重于后期技术理论的抽象阐述，片面追求书籍内容的系统化，偏离了后期技术得以实现的生活根基和市场需求。这种书籍缺乏感召力，缺乏对实践的有效引领，存在严重的"实践乏力"。本书注重实践品质和技术引领，全书一以贯之地体现以读者为中心的创作理念，在强调内容科学性的同时注重内容的可读性。

第二，时代性。为了更好地适应新时代技术改革的要求，更好地应对新时代对影视特效制作提出的新要求，本书在撰写过程中十分注重吸收当代影视特效制作技术的最新成果，反映当代影视特效制作的最新内容和新兴技术。这使得本书富有时代气息，具有时代特色。

当然，不可否认，本书仍有不足之处，因此，本书旨在搭建一个较为科学、系统的研究架构，抛砖引玉，以呼唤更多、更丰富的影视特效制作技法解析著作问世。

此外，本书在撰写过程中参阅了不少相关的学术著作和研究资料，使笔者受益匪浅，笔者由衷地向相关作者表示感谢。由于笔者水平有限，拙著中难免存在纰漏之处，恳请老师、同道斧正。

作者

2019 年 6 月

目 录 / CONTENTS

第一章　数字影视特效制作的技术环境

随着信息技术、CG技术、通信技术和网络技术的高速发展，传统的广播、电视、电影正快速地向数字广播、数字电视、数字电影方向过渡。数字技术在影视制作中的广泛应用使得影视作品的制作工序大大简化，极大地缩短了影视节目的制作周期，为创作精彩奇妙的视听效果提供了强有力的技术支撑，并从根本上改变了影视作品的发行和放映方式，促使影视行业产生了划时代的变革。本章便对数字影视特效制作的技术环境进行分析。

第一节　信号与信号的数字化

一、信号的概念

通常情况下，对信号的描述可以采用数学函数方式或图形方式。在数学上，信号可以表示为单个自变量或多个自变量的函数。具有单个自变量的信号称为一维信号，具有多个自变量的信号称为多维信号。信号的自变量可以是时间、空间位置或其他物理量。影视制作中常见的声音信号是声压随时间变化的一维信号，通常表示为 $y=f(t)$，自变量是时间 t；图像信号是亮度和颜色随空间位置变化的二维信号，通常表示为 $I=f(x, y)$，自变量是图像的空间位置 (x, y)；而电视信号则是三维信号，通常表示为 $\Phi=f(x, y, t)$，它反映了空间位置 (x, y) 处图像的亮度和色度随时间 t 的变化情况。

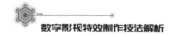

二、信号的数字化

（一）声音信号的数字化

声音是一种机械波，可以在空气、水等介质中传播。当我们用麦克风将声音信号转换为电信号后，声音信号可以表示为随时间变化的连续波形，即以时间为横坐标、声音的大小为纵坐标的连续变化的单值函数曲线。

声音的强弱体现在声波压力的大小上，音调的高低体现在声音的频率上。当用电信号来表示声音时，信号在时间和幅度上都是连续的模拟信号。声音信号有两个基本参数：频率和幅度。人的听觉器官能感知的声音频率为20Hz ～ 20kHz，小于20Hz的波称为次声波，大于20kHz的波称为超声波。一般说来，说话时产生的声波频率为300Hz ～ 3400Hz；音乐信号的频率可达到10Hz ～ 20kHz。幅度决定了声音的响度，人的听觉器官能感知的声音幅度为0 ～ 120dB。

在日常生活中，人们常见的声音信号有以下几种：电话（Telephone）、调幅（Amplitude Modulation，AM）广播、调频（Frequency Modulation，FM）广播、激光唱盘（CD-Audio）和数字录音带（Digital Audio Tape，DAT）的声音。前三种声音信号是模拟信号，后两种是数字化后的声音信号。

（二）图像信号的数字化

图像是图形和影像的总称。根据图像表示方法的不同可以将图像分为模拟图像和数字图像。所谓模拟图像是在连续二维空间中亮度（或色彩）连续变化的二维信号，如人眼看到的场景或胶片冲印得到的照片等。数字图像是模拟图像数字化的结果。在日常生活中，人们通常采用数码相机或扫描仪来获取数字图像，或将模拟图像转换为数字图像。

第二节　影像的数字化表达与处理

一、影像的数字化表达

（一）基础性的色彩原理

1. 色彩的诞生

色彩是人对眼睛视网膜接收到的光做出反应在大脑中产生的某种感觉。众所周知，我们所见到的大部分物体是不发光的，如果在夜里或者是在没有光照的条件下，这些物体是不能被人们看见的，更不可能知道它们各是什么颜色。

人们之所以能看见色彩是因为有发光光源直接进入人眼，如太阳光、电灯光、烛光、火光等；或是物体被发光光源照射后吸收掉一部分光而将特定波长的光反射进入人眼，如月亮、建筑墙面、地面等。由此可见，色和光是分不开的，光是色的先决条件。实验证明，光的波长影响着人们对于光的色感。具体的色感与光的波长对应关系见表 1-1。

表 1-1　光的色感与波长对应关系表

颜色	波长 /nm	频率 /THz
红色	625 ～ 760	480 ～ 405
橙色	590 ～ 625	510 ～ 480
黄色	565 ～ 590	530 ～ 510
绿色	500 ～ 565	600 ～ 530
青色	485 ～ 500	620 ～ 600
蓝色	440 ～ 485	680 ～ 620
紫色	380 ～ 440	790 ～ 680

2. 色彩的三要素

色彩具有三个基本特性：色相、彩度（也称纯度、饱和度）、明度。色彩学上也称为色彩的三大要素或色彩的三属性。

（1）色相。色相又称色调，是色彩的相貌或区别色彩的名称或色彩的种类，与色彩明暗无关。例如苹果是红色的，这红色便是一种色相。从光学物理上讲，各种色相是由射入人眼的光线的光谱成分决定的。对于单色光来说，色相的面貌完全取决于该光线的波长；对于混合色光来说，则取决于各种波长光线的相对量。物体的颜色是由光源的光谱成分和物体表面反射（或透射）的特性决定的。色相的种类很多，普通色彩专业人士可辨认出 300 ～ 400 种。黑、灰、白为无彩色。

（2）彩度。彩度指色彩的强弱，亦可说是色彩的饱和度或者说是色彩的纯净程度。它表示颜色中所含有色成分的比例。含有色成分的比例越大，则色彩的纯度越高；含有色成分的比例越小，则色彩的纯度也越低。可见，光谱的各种单色光是最纯的颜色，为极限纯度。当一种颜色掺入黑、白或其他彩色时，纯度就会产生变化。当掺入的颜色达到很大的比例时，在眼睛看来原来的颜色将失去本来的光彩而变成掺和的颜色。当然，这并不等于说在这种被掺和的颜色里已经不存在原来的色素，而是由于大量地掺入其他彩色使得原来的色素被同化，人的眼睛已经无法分辨了。毫无其他杂色的混入而达到高饱和度的色彩称纯色。

（3）明度。明度是指色彩的明暗程度。本质上看明度是色彩反射光在量上的区别而产生的明暗强弱，如红色有明亮的红或深暗的红、蓝色有浅蓝或深蓝。色彩越接近白色，其明度越高；越接近灰色或黑色，其明度越低。色彩的明度变化往往会影响到纯度，如红色加入黑色以后明度降低了，同时纯度也降低了；如果红色加白，明度提高了，纯度却降低了。无彩色明度的最高与最低分别是白色与黑色；在有彩色中，黄色明度最高。

色彩的色相、彩度和明度是色彩的基本属性，人们要比较准确地认识和区别色彩，必须以这三个属性为依据。

（二）彩色影像的数字化

1. 位图

在数字影视节目的制作过程中，为了便于计算机的存储、处理与交换，人们必须事先把图形或图像由模拟的光信号转变为数字信号。要了解彩色影像的数字化，首先要了解"位图"的概念。

位图亦称为点阵图像，即任何图像都可以看作是由一个个的点组成的矩阵。在这个矩阵当中处于不同位置的点显示各自的色彩时，整个矩阵就成为一幅图像。位图中一个个的点，即对于图像的最小完整采样，我们称之为"像素"。

单位面积内，像素越多画面就会越清晰，我们就可以说该图像分辨率也较高。假定一幅图像宽 800 像素、高 600 像素，我们可以说该图像的分辨率为 800 像素 ×600 像素。当然，分辨率还可以表示单位长度的像素数，例如我们常说的 300dpi 的分辨率，其中的"dpi"就是"Dots Per Inch"的缩写。

图像被分解成为点阵之后要再现原始图像就需要给每一个像素赋予颜色。

计算机表示颜色也是用二进制，它引入了"位深度"的概念。从计算机图形图像处理的角度来看，"位"（bit）是计算机存储器里的最小单元，它用来记录每一个像素颜色的值。"位"值越大，每一个像素可能实现的颜色就越多，从而图形的色彩就越丰富。常用位深度有如下几种。

（1）黑白二色的图形是数字图形中最简单的一种，它只有黑、白两种颜色，也就是说，它的每个像素只有一位颜色，位深度是 1，用 2 的 1 次幂来表示。

（2）4 位颜色的图，它的位深度是 4，它有 2 的 4 次幂种颜色，即 16 种颜色或 16 种灰度等级。

（3）8 位颜色的图位深度就是 8，用 2 的 8 次幂表示，它含有 256 种颜色或 256 种灰度等级。

（4）24 位颜色可称之为真彩色，位深度是 24，它能组合成 2 的 24 次幂（16777216）种颜色，超过了人眼能够分辨的颜色数量。

当我们用 24 位来记录颜色时，实际上是把图像分解为红、绿、蓝（RGB）基色，每个基色分别用 8 位 256 种颜色表达，三色组合后就形成了真彩色。鉴于这种颜色表达方法，数字影视节目制作经常会把色彩使用 6 位十六进制的字符表示，其前两位、中两位、后两位分别代表 R、G、B 三色的位深度，即"#RRGGBB"。例如某种颜色为"#62AF00"代表该颜色的参数为 R=62，G=AF，B=00。这里的 62 相当于十进制的 98，AF 相当于十进制的 175，也就是说该颜色的红、绿、蓝比例为 98：175：0。从数值来看，该颜色就是一种深绿色，我们使用 Photoshop 的拾色器输入该比例也可验证我们的判断。

2. 矢量图

矢量图使用直线和曲线来描述图形，这些图形的元素是一些点、线、矩形、多边形、圆和弧线等，它们都是通过数学公式计算获得的。

由于矢量图形可通过公式计算获得，所以矢量图形文件一般较小。也正由于此，矢量图形最大的优点是无论放大、缩小或旋转都不会失真；但是其最大的缺点是难以表现色彩层次丰富的逼真图像效果。

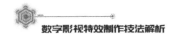

矢量图是与位图截然不同的图形图像生成处理方式，它直接诞生于数字时代，不存在模拟向数字转换的过程。

3. 数字视频

从前期生成的角度来看，数字视频可以分为两类：一是由模拟摄像机拍摄并存储于模拟介质上的视频影像；二是直接由数字摄像机拍摄并存储于数字存储介质上的视频影像。这里讨论的是前者的数字化。

为了存储处理视频影像，模拟视频信号也同样必须通过模拟/数字（A/D）转换器来转变为数字"0"或"1"。这个转变过程就是我们所说的视频捕捉（或采集）过程。但是模拟视频的数字化有着不少技术问题，如电视信号具有不同的制式，而且采用复合的 YUV 信号方式，而计算机工作在 RGB 空间；电视机是隔行扫描，计算机显示器大多逐行扫描；电视图像的分辨率与显示器的分辨率也不尽相同。因此，模拟视频的数字化主要包括色彩空间的转换、光栅扫描的转换以及分辨率的统一等。

事实上，尽管模拟视频信号数字化的技术非常复杂，但是其本质就是将模拟视频的信号转换为数字 RGB 信号的过程，具体来说，就是将复合信号或分量信号转化为 RGB 信号的过程。我们以 YUV 分量信号为例简单了解一下这个转换过程。

YUV（亦称 YCrCb）是被欧洲电视系统所采用的一种颜色编码方法（属于 PAL）。YUV 主要用于优化彩色视频信号的传输，使其向后兼容老式黑白电视。与 RGB 视频信号传输相比，它最大的优点在于只需占用极少的带宽（RGB 要求 3 个独立的视频信号同时传输）。其中"Y"表示明度（Luminance 或 Luma），也就是灰阶值；而"U"和"V"表示的则是色度（Chrominance 或 Chroma），作用是描述影像色彩及饱和度，用于指定像素的颜色。YUV 色彩空间的亮度信号 Y 和色度信号 U、V 是分离的。

对于 YUV 信号和 RGB 信号之间的关系有如下公式：

$Y=0.299R+0.587G+0.114B$

$U=-0.147R-0.289G+0.436B$

$V=0.615R-0.515G-0.100B$

$R=Y+1.14V$

$G=Y-0.39U-0.58V$

$B=Y+2.03U$

值得注意的是，在信号转换之后，由于视频数据量会非常大，因此还需要有一个压缩的过程。

二、影像的数字化处理

（一）计算机数据存取技术

在模拟影视时代，影像内容主要是以磁带胶片等为介质存储的，在记录和读取的时候遵循一个共同特征：线性存取（或顺序存取），即无论需要影像的哪一个片段都必须从头开始正向寻找（读取或写入）或从尾端逆向寻找（读取或写入），中间无法跳过。这一特点大大降低存取速度，在进行影像处理的时候极大地影响工作效率。影像数字化之后，借助计算机先进的数据存取技术，数字影视处理效率产生了翻天覆地的变化。数据存在形态的变化成为其他一切影视处理技术革新的基础。

1. 计算机数据的随机存取技术

随机存取有时也叫直接内存存取，指的是当存储器中的数据被读取或写入时所需要的时间，与这段信息所在的位置无关。从数据结构的角度看，随机存取方式还具有以不变的时间存取任意长度数据的能力。

随机存取技术是借助计算机的随机存储器（Random Access Memory，RAM）来实现的。RAM 是计算机内存重要的组成部分，是一种通过指令可以随机地、个别地对每个存储单元进行访问且寻址时间基本固定、与存储单元地址无关的可以读写的存储器。RAM 存取工作原理如图 1-1 所示。

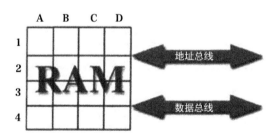

图 1-1 RAM 工作基本原理示意图

从抽象角度看，图 1-1 所示的 RAM 是一系列的存储单元组成的矩阵，每个存储单元存储固定大小的数据。每个存储单元有唯一的地址，由于现代 RAM 的编址规则比较复杂，这里将其简化成一个 4×4 的二维地址，通过一个行地址和

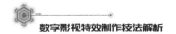

一个列地址可以定位到一个唯一的存储单元。

当系统需要读取 RAM 时，则将地址信号放到地址总线上传给 RAM。RAM 读到地址信号后解析信号并定位到指定存储单元，然后将此存储单元数据放到数据总线上供其他部件读取。

写数据的过程类似系统将要写入的单元地址和数据分别放在地址总线和数据总线上，RAM 读取两个总线的内容作相应的写操作。

可以看出，RAM 存取的时间仅仅与总线频率和存取次数有关，而与数据存储的位置没有任何关系。例如需要 A4 单元的数据并不需要事先经过 A1、A2 和 A3 单元的读写；同样，同时需要 A1 和 D4 单元的数据也并不意味着我们需要把整个存储器的 16 个单元全部读写一遍才能完成。

随机存取与模拟时代的顺序存取相比有着明显的优势。图 1-2 从数据结构的角度揭示了二者在存取数据能力上的巨大差异。

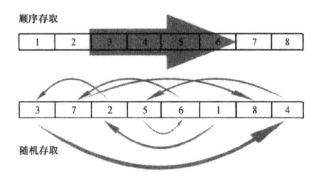

图 1-2　顺序存取与随机存取对比

首先，传统模拟存储方式是线性方式，而随机存取是非线性的，极为灵活，可以立即存取想要的任何数据。其次，假定在某种情况下我们需要以任意顺序调用全部数据，对于有 n 组数据的存储介质来说，使用顺序存取方式所要花费的寻址时间应当为每次数据寻址的平均用时乘以数据单元总数（假定相邻地址寻址用时为 1），即：

$$\frac{n}{2} \times n = \frac{n^2}{2}$$

而如果使用随机存取方式寻址用时就是固定的。在整数 >2 时，恒有 >n 并且数据量越大越能够看出随机存储的优势。再次，RAM 数据存取没有机械运动，仅仅依靠集成电路就能完成存取,读写数据的速度远非模拟时代的顺序存储能比。

2. 计算机数据的硬盘存取技术

RAM 存取虽然有很大的优势，但是 RAM 本身造价较高；同时一旦断电所存储的数据即被清空，因此往往只用于计算机的内存存储。目前大规模的永久存储是使用硬盘存储来实现的。

计算机数据高速存储技术是计算机大规模处理数据的前提，同时也是数字影视处理的许多相关技术的基础。它保证了影视制作中高速实时渲染的顺利进行，为非线性编辑提供理论与实践基础，为数字影视节目发布、交换、积累提供支持。

（二）GPU 图形处理技术

图形处理器（Graphics Processing Unit，GPU）是 NVIDIA 公司在 1999 年发布 GeForce 256 图形处理芯片时首先提出的概念。作为图形卡的核心部件，GPU 的主要作用是减少计算机图形图像处理对 CPU 的依赖，尤其在三维图形处理时接管部分原本属于 CPU 的工作，从而达到优化系统运行效率、提高图形图像处理能力的作用（图 1-3）。GPU 所采用的核心技术有硬件多边形转换与光源处理（Transform and Lighting ，T&L）、立方环境材质贴图和顶点混合、纹理压缩和凹凸映射贴图等技术，而硬件 T&L 技术可以说是 GPU 的标志。目前 GPU 的生产主要由 Intel、NVIDIA 与 AMD（原 ATI）等几家厂商生产。

图 1-3　图形处理器

1. GPU 的工作原理

当我们使用 GPU 进行硬件加速时，系统中实际上有两个处理器在工作，CPU 和 GPU。它们通过 PCI/AGP/PCI-E 总线交换数据。

（1）CPU 从文件系统里读出原始数据，分离出压缩的视频数据（分离器）放在系统内存中。

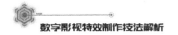

（2）压缩数据从系统内存经过总线复制到显卡上的显存里。

（3）CPU要求GPU开始硬件解码，GPU开始工作，而CPU会定期查询GPU的工作状态。

（4）GPU解码后的数据放在显存。

（5）GPU再用自己的后期处理电路来进行后期处理，如DE interlace3：2Pull-Down，等等。

（6）后期处理以后的未压缩数据投向屏幕，GPU此时负责视频的缩放、亮度、Gamma等调整。

（7）数据处理完毕后，GPU通知CPU读取后续数据以供继续处理回到第（1）步。

2. GPU图形处理对于数字影像处理的意义

从GPU的工作原理可以看到，GPU的出现解放了CPU。因为在此之前，图形图像处理都是CPU通过运算完成的，可以称为"软加速"；而GPU将图形图像处理功能固化于显示芯片当中成为"硬件加速"，大大提高了处理能力。随着显示芯片功能的不断升级，GPU的处理能力也是日新月异，这对于数字影像的大规模数据处理来说无疑是个好消息。

在产品不断升级换代的同时，GPU的核心技术也有着突飞猛进的发展。以NVIDIA的产品为例，其先后运用PhysX（物理运算引擎）技术使GPU通过硬件抽象层实现布料模拟、毛发模拟、碰撞侦测、流体力学等物理技术，让虚拟世界中的物体运动符合真实世界的物理定律，以使游戏更加富有真实感；运用3D Vision（三维立体幻境）技术呈现出三维立体视觉影像，增强了数字影像虚拟现实的手段，令人具有身临其境的感觉；运用可升级连接接口（Scalable Link Interface，SLI）技术连接两块同型号的PCI-E显卡获得近乎翻倍的视觉性能，等等。

新技术的应用极大地提高了影视产品的视觉体验，同时也为数字影视产品提高自身制作水准、增强仿真与互动能力、满足受众更高需求提供了技术支持。

3. 专业图形卡与数字影像处理

专业图形卡是指应用于图形工作站上的显示卡，它是图形工作站的核心。从某种程度上来说，GPU在专业应用方面更为优化，在图形工作站上，GPU的专业图形卡的重要性甚至超过了CPU。与针对游戏、娱乐和办公市场为主的消费级图形卡相比，专业图形卡主要针对的是三维动画软件（如3ds Max、Maya

等）、渲染软件（如 LightScape、3DS VIZ 等）、CAD 软件（如 AutoCAD、Pro/Engineer、UniGraphics、SolidWorks 等）、模型设计软件（如 Rhino）以及部分科学应用等专业应用市场。专业图形卡针对这些专业图形图像软件进行必要的优化有着极佳的兼容性和稳定性。

在专业应用场合，专业图形卡处理数字影像的能力是消费级图形卡无法比拟的。

（1）专业图形卡与消费级图形卡在硬件设计中采用不同的理念。一般来说，消费级图形卡更主要的是面向游戏应用。目前虽然都可以很好地支持各种 OpenGL 和 Direct X 三维游戏以及其他影像设计处理功能，但是它们更多地专注于游戏中需要的那些功能。为节约成本，对于在一些明显不会用到的功能，如线框模式的抗混淆（反锯齿）双面光照、三维动态剖切（3D Windows Clipping），消费级图形卡一般是不会在硬件中予以支持的。而专业图形卡则要求全面支持。与游戏总是运行在全屏幕只用于表现完全渲染好的场景的情况不同的是，专业应用软件中往往更多的时间是在显示模型正在创建和编辑状态中的情形，因此线框模式、阴影模式下的性能也是至关重要的，各种专业软件所涉及的功能都应该在硬件上予以支持。

另外从性能上来说，游戏运行需要足够快的速度，而且游戏的场景往往不太复杂，因此游戏的性能瓶颈大多出现在像素或者纹理处理速度上；而专业应用中，像高级场景渲染、CAD/CAM 影视用三维动画等应用领域往往会遇上非常大规模的模型和许多光源，因此，图形系统的几何与光线处理能力是至关重要的。这两者的区别造成消费级图形卡与专业图形卡在硬件设计上各有侧重。

（2）专业图形卡与消费级图形卡在驱动程序上也有本质区别。对于消费级图形卡来说，在驱动程序中只需要对游戏中常用到的部分 OpenGL 函数提供足够的支持就可以了，而专业图形卡由于面向范围广泛的专业应用软件，因此它必须对所有 OpenGL 函数都予以支持。正是这些原因导致游戏中性能很好的消费级图形卡在运行专业软件时经常会出现性能剧烈下降的现象。

（3）专业图形卡和消费级图形卡在应用软件的兼容性方面有重大的区别。专业图形卡的驱动程序完全针对 OpenGL 的所有函数进行优化，同时针对各个不同的应用程序的特别之处采用专门的解决办法，如在驱动程序里面提供各种主要软件的优化设置选项，提供专门的驱动程序（如 ELSA 专业图形卡附带的增值驱动 Maxtreme、Powerdraft 以及 Quadro View 等），而消费级图形卡在这方面没有采取任何措施。

（4）专业图形卡在硬件和驱动程序方面均经过十分严格的测试，可以最大程度降低在运行时出现的不稳定情况；而消费级图形卡则将主要精力放在快速运行游戏方面，在稳定性方面没有过多的要求。

（5）专业图形卡的开发和经销商一般都具有高水平的技术保障队伍，对用户在使用过程中遇到的问题可以给予准确和即时的解答；同时，专业图形卡开发和经销商往往和各个用户保持着紧密的联系，可以相互协助解决用户碰上的问题。而消费级图形卡在这些方面几乎没有任何力量投入，因此用户碰上专业软件方面出现的问题一般没有解决办法。

（6）专业图形卡作为一种生产力工具，在软硬件生产开发、技术支持等方面需要投入比消费级图形卡多得多的资金，但是在销量上远小于消费市场的消费级图形卡，造成专业图形卡的售价较高。

（三）影像编码压缩技术

1. 数字影像编码压缩的原理

（1）编码压缩的必要性。数字影像编码压缩技术是计算机处理影像的前提。以视频信号为例，信号数字化后，数据带宽很高，通常在 20MB/s 以上，而无压缩高清视频信号码流更是可以达到 200MB/s，甚至更高。在如此高的数据量下，计算机很难在有限的存储空间中对其进行保存并运用有限的系统资源进行实时处理。这时，编码压缩技术就应运而生了。

（2）编码压缩的可能性。从信息论观点来看，数字影像作为描述信源的数据是信息量和信息冗余量之和。信息冗余量有许多种，如空间冗余、时间冗余、结构冗余、知识冗余、视觉冗余等，数据压缩实质上是减少这些冗余量。冗余量的减少可以减少数据总量而不减少信源的信息量。

所谓数字影像编码压缩就是以某种标准去除数字影像中的冗余信息，尽可能在保留细节的需求情况下，减少文件数据量的大小。从本质上看，它其实是对影像数据流重新建构的过程。

（3）应对信息冗余的编码压缩思想。针对不同类型的信息冗余，在编码压缩方面有不同的指导思想。虽然现在对于数字影像的编码压缩方案层出不穷，但是其指导思想都不外乎预测编码、变换编码、统计编码、分析合成编码、混合编码等几个方面。

预测编码是利用像素的相关性解决时间和空间冗余的编码思想。其核心理念是：根据离散信号之间存在着一定关联性的特点，利用前面一个或多个信号预测下一个信号，然后对实际值和预测值的差（预测误差）进行编码。如果后续的检测发现前面预测比较准确，就继续预测编码，否则就利用新的变化来改变预测策略。在同等精度要求的条件下就可以用比较少的比特进行编码，达到压缩数据的目的。

变换编码不是直接对空域图像信号进行编码，而是首先将空域图像信号映射变换到另一个正交矢量空间（变换域或频域）产生一批变换系数，然后对这些变换系数进行编码处理。变换编码是一种间接编码方法，其中关键问题是在时域或空域描述时，数据之间相关性大数据冗余度大，经过变换，在变换域中，描述数据相关性大大减少，数据冗余量减少，参数独立数据量少这样再进行量化编码就能得到较大的压缩比。

统计编码是根据信息出现的概率进行压缩编码。编码时某种比特或字节模式的出现概率大就用较短码字表示；概率小则用较长的码字表示。统计编码属于无失真编码。

分析合成编码是指都是通过对源数据的分析将其分解成一系列更适合于表示的"基元"，或从中提取若干更为本质意义的参数编码，仅对这些基本单元或特征参数进行。译码时则借助一定的规则或模型，按一定的算法将这些基元或参数综合成源数据的一个逼近。这种压缩方法可能得到极高的压缩比。

2. 数字影像编码压缩的几个概念

（1）帧内压缩和帧间压缩。帧内压缩和帧间压缩是专门用在数字视频处理中的一对概念。

帧内（Intraframe）压缩也称为空间压缩（Spatial Compression）。当压缩一帧图像时，仅考虑本帧的数据而不考虑相邻帧之间的冗余信息，这实际上与静态图像压缩类似。帧内一般采用有损压缩算法，由于帧内压缩时各个帧之间没有相互关系，所以压缩后的视频数据仍可以以帧为单位进行编辑。帧内压缩一般达不到很高的压缩比。

帧间（Interframe）压缩也称为时间压缩（Temporal Compression），它通过比较时间轴上不同帧之间的数据进行压缩。采用帧间压缩是基于许多视频或动画的连续前后两帧具有很大的相关性，或者说前后两帧信息变化很小的特点。我们知道视频本质上是连续的画面。以 PAL 制电视节目为例，每秒钟就是 25 幅画面。正常情况下，只要不是处于镜头切换的位置，这些连续的画面中的大部分内容都是相似的，最多只有画面内容的一些位移而已。因此，连续的视频其相邻帧之间具有巨量的冗余信息。根据这一特性，压缩相邻帧之间的冗余量就可以进一步提高压缩比。

帧间压缩一般是无损的。帧差值（Frame Interpolation）算法是一种典型的时间压缩法，它通过比较本帧与相邻帧之间的差异，仅记录本帧与其相邻帧的差值，这样可以大大减少数据量。

（2）有损压缩和无损压缩。从源数据和目的数据的差别角度来看，数字影像有两种截然不同的编码压缩方式：有损压缩和无损压缩。

①有损压缩。有损压缩是利用了人类对图像或声波中的某些频率成分不敏感的特性，允许压缩过程中损失一定的信息；虽然不能完全恢复原始数据，但是所损失的部分却换来了大得多的压缩比。有损压缩广泛应用于语音、图像和视频数据的压缩。

有损数据压缩又称破坏型压缩，即将次要的信息数据压缩掉，牺牲一些质量来减少数据量使压缩比提高。根据各种格式设计的不同，有损数据压缩的压缩与解压过程都会带来媒体渐进质量的下降。有损压缩可以减少图像在内存和磁盘中占用的空间。以图像压缩为例，有损压缩图像的特点是保持颜色的逐渐变化，删除图像中颜色的突然变化。生物学中的大量实验证明，人类大脑会利用与附近最接近的颜色来填补所丢失的颜色。例如对于蓝色天空背景上的一朵白云，有损压缩的方法就是删除图像中景物边缘的某些颜色部分。当在屏幕上看这幅图时，大脑会利用在景物上看到的颜色填补所丢失的颜色部分。

无可否认，利用有损压缩技术可以大大地压缩文件的数据，但是会影响图像质量。如果使用了有损压缩的图像，仅在屏幕上显示可能对图像质量影响不太大，至少对于人类眼睛的识别程度来说区别不大。可是如果要把一幅经过有损压缩技术处理的图像用高分辨率打印机打印出来，那么图像质量就会有明显的受损痕迹。

②无损压缩。所谓无损压缩格式是利用数据的统计冗余进行压缩，可完全恢复原始数据而不引起任何失真，但压缩率受到数据统计冗余度的理论限制，一般为 2：1 到 5：1。无损压缩主要用于图片和音频，其基本原理是相同的信息只需保存一次。

仍以图像压缩为例。压缩图像的软件首先会确定图像中哪些区域是相同的，哪些是不同的。包括重复数据的图像（如蓝天）就可以被压缩，只有蓝天的起始点和终结点需要被记录下来。但是蓝色可能还会有不同的深浅，天空有时也可能被树木、山峰或其他的对象掩盖，这些就需要另外记录。从本质上看，无损压缩的方法可以删除一些重复数据，大大减少要在磁盘上保存的图像尺寸。但是无损压缩的方法并不能减少图像的内存占用量，这是因为当从磁盘上读取图像时，软件又会把丢失的像素用适当的颜色信息填充进来。如果要减少图像占用内存的容量，就必须使用有损压缩方法。

无损压缩有很大的优势。首先是可以 100% 地保存信息，其次是转换方便，避免了转换格式质量的二次损失。例如无损压缩声音格式 APE 可以很方便地还原成 WAV，还能直接转压缩成 MP3、OGG 等有损压缩格式，甚至可以在不同无损压缩格式之间互相转换而不会丢失任何数据。这一点比起有损压缩要好得多，因为有损压缩格式的二次编码（从一种有损格式转换成另一种有损格式，或者格式不变而调整比特率）意味着丢失更多的信号，带来更大的失真。

无损压缩也有自己的不足。首先占用空间大，压缩比不高。比起有损压缩格式，无损压缩格式的压缩能力要差得多。例如 192Kb/s 的有损 MP3 声音格式只有原 WAV 文件的 14% 左右，而无损 APE 格式则一般都在原 WAV 文件大小的 60% 左右。两者在压缩率上的差异相当悬殊。其次缺乏硬件支持。相对而言，市场上能播放无损压缩格式的随身播放器只有有限的几个品种，主要是厂家为了降低成本而考虑的。目前主流闪存 MP3 随身听的容量已经有 4GB ~ 16GB。但对无损格式了解的人不多，也鲜有人愿意在下载音乐上花时间。市场需求小，供应自然小，所以随身听支持无损的较少。

（3）对称编码和不对称编码。对称性（Symmetric）是压缩编码的一个重要特征。对称意味着压缩和解压缩占用相同的计算处理能力和时间，对称算法适合于实时压缩和传送视频，如视频会议应用就以采用对称的压缩编码算法为好。

不对称（Asymmetric）或非对称编码意味着压缩时需要花费大量的处理能力和时间，而解压缩时则能较好地实时回放，也能以不同的速度进行压缩和解压缩。一般来说，压缩一段视频的时间比回放（解压缩）该视频的时间要多得多。例如压缩一段 3 分钟的视频片段可能需要 10 多分钟的时间，而该片断实时回放时间只有 3 分钟。在电子出版和其他多媒体应用中一般是把视频预先压缩处理好，然后再播放，因此可以采用不对称编码。

（四）电视信号制式标准

电视制式即电视信号和伴音信号或其他信号传输的方法、电视图像的显示格式以及这种方法和格式所采用的技术标准。严格来说，电视制式有很多种，对于模拟电视有黑白电视制式、彩色电视制式以及伴音制式等；对于数字电视有图像信号、音频信号压缩编码格式（信源编码）和 TS 流（Transport Stream）编码格式（信道编码），还有数字信号调制格式以及图像显示格式等制式。

第二章 数字影视特效及其发展综述

数字特效产生前，影视作品主要是以故事情节博得观众的喜爱；随着计算机技术的发展，数字特效应运而生，它也大大提升了影视作品对观众的吸引力，各种特技表演和后期的特效制作增加了画面的视觉冲击力，为影视作品的发展开辟了更加广阔的市场。本章便对数字影视特效及其发展进行综述。

第一节 数字影视特效的概念、功能及应用

一、数字影视特效的概念

影视特效又称影视特技，是对现实生活中不可能完成的镜头以及难以完成或需花费大量资金拍摄的镜头，用计算机或工作站对其进行数字化处理，从而达到预期的视觉效果 。影视特效能够结合人们的想象力，创造出各种形象，最大限度地满足人们的视觉享受。

利用计算机图形图像技术实现的影视特效称为数字特效，在影视制作中被广泛应用，它不仅仅是后期剪辑中的一个补充，还渗入电影生产的方方面面，包括剧本的创作、策划，前期的摄影、置景、道具，后期的合成、剪辑等。

二、数字影视特效的功能

数字影视特效的主要功能就是把一切不可能的场景转化成可能，一些在现实

17

中难以实现拍摄的产品在后期特效的作用下都可以变为现实。

（一）对视觉模型进行创建

在影视作品中，为了使信息传播更为精确，画面质量更好，或是为了让自然界中不存在的某个物体推动情节的发展，往往需要在其中制作一些非常逼真或具有视觉冲击力的视觉元素。数字影视特效对这类元素创建就有着不可替代的作用，如动物、人物、建筑以及各种特效元素的再现。

（二）对画面意境进行处理

后期特效对画面意境的处理能力主要表现在对画面色调的调节上。现在的商业作品通常会在后期制作时调节画面的色调，一方面可以统一不同时间、不同条件下的画面效果；另一方面又能对作品的整体色调进行处理，表现出作品的氛围和情绪特征，还可以单独突出或淡化某种色调来达到强调视觉效果和表达特定情节含义的目的。

（三）对特殊效果进行创造

随着观众对视觉效果要求的提升，自然的画面效果已经不能很好地吸引观众的注意力，数字影视特效的广泛应用可以使视觉画面更具有表现力和冲击力。例如，数字影视特效中的光效是一种极为常见的特效，只要使用得当，可以充分提升画面的视觉美感。

（四）对镜头进行组接

组接镜头不是简单地将一个个的画面直接连接在一起，而是指创建组接的方法。影视特效可以使镜头与镜头之间的过渡成为新的表现元素，让镜头之间的切换变得更加流畅、自然。

三、数字影视特效的应用

（一）数字影视特效在影视栏目包装中的应用

随着频道专业化与个性元素的进一步加强，如今的电视节目制作基本上已告别了纯粹使用传统方式来进行拍摄和剪辑的模式，大多是运用计算机特效来制作。特效在栏目包装中的主要作用是剪辑合成，包括影片的片头、片尾、宣传片和形象片的制作和播出。

（二）数字影视特效在 CG 动画片和游戏产业中的应用

将数字影视特效应用到动画片中是动画产业的一次革命，它创造了一种全新的视觉艺术效果。与传统手绘的逐帧动画相比，计算机技术产生的效果与效率都是不可比拟的。它使动画片达到了一种独特的艺术境界。此外，数字影视特效使游戏产业也日趋火爆，如游戏中的火焰爆炸之类的繁杂特效都是运用粒子动画技术产生的，后期特效使这个产业不断繁荣。

（三）数字影视特效在广告制作中的应用

数字影视特效之所以能够在无数领域里得到广泛应用，可以说得益于影视广告特技的大量运用。通过它，用户可以结合广告创意，充分发挥特效软件所提供的强大功能。在特效技术的保证下，创意可以没有想象空间的限制，即只有想不到，没有做不到。

第二节　模拟时代的影视特效发展

一、影视特效的初期阶段

1895 年卢米埃尔兄弟拍摄的玛丽女皇被斩首的镜头，因为砍头的画面是使用定格拍摄的方式制作的，而被认为是最早的特效镜头。接下来的 10 年时间里，电影届首屈一指的人物是法国的乔治·梅里埃（图 2-1），他曾是一名魔术师，也是剧院老板兼演员。正是他对电影的浓厚兴趣和实验精神，使电影特效能够呈现在世人面前。

梅里埃发现电影特效纯属偶然。1896 年他在巴黎歌剧院广场拍外景时，摄影机出现了故障，胶卷被卡住了，摄影机修好后继续进行拍摄。后来在放

图 2-1　乔治·梅里埃

映这段影片时，出现了奇妙的效果：一辆行驶于马德兰到巴斯底路上的公共马车莫名其妙地变成了运送灵柩的马车。在这个偶然的拍摄事故中，梅里埃对这种现象产生了极大兴趣，经过深入研究，他总结出了停机再拍的方法，并将这一技术应用得淋漓尽致。看似一次拍摄事故却让梅里埃成为最早的"特效电影"制作者，电影特效就这样诞生了。他用这种方法拍摄了《贵妇人的失踪》：先拍坐在椅子上的贵妇人，然后让贵妇人离开，再拍椅子，这是他首次自觉地运用电影特效。

倒拍方法的产生也具有偶然性。1895 年，卢米埃尔兄弟在巴黎放映了世界上最早的几部短片，其中有一部叫《拆墙》，反映一堵墙被一点点拆掉的过程，墙越拆越矮直至倒下溅起尘烟。由于看电影的人很多，放映员忙不过来，没有及时把片子倒过来，于是放映机倒着放起来，银幕上出现了奇迹：满地断砖从下向上飞，自动砌起了一堵墙，滚滚尘烟也因此消失。这个效果给摄影师极大的启发，他们从放映员的错误中发现了倒拍方法。

梅里埃在巴黎附近自己的庄园内建造了一个玻璃摄影棚，摄影棚被装饰得像魔术剧院，拥有活板门、绞车、滑车、镜子、飞行悬索以及大量的车间和场景商店等。这个摄影棚是当时最先进的特效制作间，可称为"世界第一特效厂"。

梅里埃 1901 年制作了《与橡胶人头促膝长谈》的影片。这是乔治·梅里埃拍摄的著名特效镜头之一，他成功地开创出将简单替换效果和多重曝光等方式共同作用于电影拍摄之中的技术，在这部影片中实现了头部不断扩大的错觉。他将自己的头蒙在周围的黑布当中，每拍摄一格画面，自己向摄像机前进一点。他并没有使用移动沉重的摄影机的方法，因此前景画面获得了良好的稳定性。

定格动画的技术在早期特效中是经常使用的，即使今天在特效制作费用有限的情况下，定格拍摄仍旧是非常流行的做法。这种特效需要良好的计划和技巧，通过一些拍摄的计划和技巧就能够取得非常突出的效果。同时定格动画要求对运动规律和时间节奏的运用技巧熟练掌握，否则画面动作不够连续。

1896～1912 年间，在梅里埃拍摄的大约 500 部影片中，最著名的是 1902年拍摄的《月球旅行记》（图 2-2），它取材于儒勒·凡尔纳和维尔斯的小说。影片长达 21 分钟，运用各种可能的技巧讲述了英国维多利亚时代的一群探险家们造访月球的经历，剧情表述是纯哑剧。梅里埃设计并绘制了有三维立体感的背景，二维月球表面元素相互运动表明摄影机视角的交替，这是影片中梅里埃最富想象力的特效应用。

图 2-2　电影《月球旅行记》剧照

从乔治·梅里埃开创的特殊摄影效果开始，早期的电影人开始在特殊镜头效果上进行各种各样的尝试，例如，"布莱顿学派"的詹姆士·威廉逊（James Williamson）于 1900 年拍摄的影片《鲸吞》（*The Big Swallow*）。影片开始时，人物坐在空白背景前，生气地摆着手势不愿意被拍摄，然后他向前走向摄影机直到掩盖住观众的视线，接着是天衣无缝地剪接上的黑色布景取代了他的嘴巴，然后我们看到摄影师和摄影机一头栽进这个万丈深渊，再通过剪辑把观众带回这个张大的嘴巴，最后我们看到表演者走开并得意洋洋地咀嚼。这种革新性的电影在今天看来或许和实验动画的性质差不多，但正是这些在电影史上使用的早期技术成为我们今天进行影视特效创作的参照典范。

另外一部值得一提的早期特效影片是 1903 年的《火车大劫案》（*The Great Train Robbery*）（图 2-3）。导演埃德温·S. 鲍特（Edwin S. Porter）在爱迪生公司工作。这部早期的西部片使用了移动摄影、自然场景平行剪辑等特效手法，并因第一次在影片中使用特写镜头而震惊观众。剧中的抢劫发生在铁路电报室内，火车正驶过窗户，为了产生移动的背景，鲍特采用了二次曝光技术。鲍特在特效应用上有许多进步之处，却将特效的使用转化为不被人们注意的叙事工具。

图 2-3　电影《火车大劫案》海报及剧照

欧洲虽然开发了他们自己的电影工业，但受到第一次世界大战的影响，商业电影的生产几乎停滞，使得好莱坞成为世界电影的中心。最早期的电影以喜剧片为主，那时影片播放速度为16帧/秒，这种比正常速度更加快速的播放加强了表演的喜感。为了增大剧情的吸引程度，有时候甚至在影片中借用很多戏剧舞台的悲剧成分，只是这些内容也都是通过喜剧的形式传达出来的，使观众看完后笑中带泪。

随后的导演虽然不像梅里埃那样为电影特效做出各种尝试和突出的贡献，但美国电影界也出现D.W.格里菲斯这样的导演（图2-4），他对史诗片和剧情片进行了大量的尝试。

他为了让电影更好地讲故事也加入了一系列的特殊图像效果，例如，他首先在镜头中运用了移动、淡入及淡出效果等。达到这些效果所使用的技术是在摄影机镜头前加上一个可以逐步打开或关闭的简单机械装置，来逐步显示或隐藏每帧画面。我们可以在电影《一个国家的诞生》（*The Birth of a Nation*）中看到很多这方面的镜头运用。

图2-4 D.W. 格里菲斯

1916年摄影师弗兰克·威廉姆斯发明了一种新的拍摄方法：在黑色背景前拍摄演员的表演，背景可以单独拍摄并随时添加进来，虽然画面质量很粗糙，但是却开创了跟踪与背景合成技术的先河。双重曝光技术的流行使控制摄像机生产技术的工厂研制出了具有双重曝光功能的摄像机。

二、传统影视特效的发展阶段

传统影视特效的发展阶段指第一次世界大战后到第二次世界大战前，这一阶段由于机械技术、光学技术、化学技术、道具模型制作技术等的成熟和提高，电影特效技术应用日益广泛。这一阶段的电影特效更多地侧重于如何利用拍摄技巧、发挥各种机械学、光学、化学的特性来创造出梦幻的影像效果。

1914年，美国在加利福尼亚南部建成电影工业城——好莱坞很快就成为全球电影中心。诺曼·奥达文是好莱坞的特效第一人，他是玻璃绘景合成摄影法的创始人，这种摄影法中的场景可以变化，延展到胶片上。这种技术的典型之处是可以增加那些只能建造一两层楼高场景的高度，事先将图案画在一块玻璃上，然后将其放在镜头前来增加建筑物的高度。他后来还发明了镜头内遮片摄影，能将胶片图景与绘画结合。1926 年，诺曼·奥达文的名字首次出现在福克斯公司的影片《光荣的代价》的字幕上。从此以后，特效制作人员的名字都会出现在电影演职人员的字幕中，特效的作用开始受到人们的重视。

早期的电影在表现大场面时需要建立微缩布景，在这一时期由于制作预算的增加，可以建立很多精致的模型，只要将摄像机位置计算到位即可，例如《群众》（*The Crowd*，1928 年）、《想象一下》（*Just Imagine*，1930 年）和《月宫宝盒》（*The Thief of Bagdad*，1924 年）等都运用了大量的模型来表现宏大的场面。

真人表演与卡通形象的结合这时候也逐渐成熟起来，1923 年迪士尼开始制作《爱丽丝》，而将这种形式进一步推进的是《失落的世界》（*The Lost World*，1925 年），影片将微缩的恐龙场景拍摄素材投射在大屏幕前，真人在大屏幕前表演，把两者结合到一起呈现在银幕上，形成早期复杂的科幻片表现场景。1924 年，多罗西·弗农在建筑的顶部使用微缩景观拍摄，通过镜头合成得到完美的效果。这些都是这一时代对于影视特效的探索。早期的电影特效镜头也许看起来简单甚至粗糙，尽管如此，它们仍旧为电影这一新兴媒体开创了无数的创造空间，激励我们在视觉特效领域更好地前行。

1927 年，有声电影《爵士乐手》一举获得成功。对于当时好莱坞的大多数电影工作室来说，对白是不受重视的，但是由于已经花费了巨额投资，华纳兄弟不得不匆忙利用他们的唱片系统，在已经开始拍摄的影片中加入声音或对白，并开始规划具有全部声音贯穿的电影。尽管如此，这些对白仍不能满足观众的需求。与此同时，福克斯公司也尝试着在他们的影片中加入声音，并且他们所使用的声音标准成了后来的行业标准。不过这一时期的好莱坞电影仍旧以默片为主，大多数工作室对于声音还持排斥的态度。

但是公众对有声影片的需求越来越大，到 20 世纪 30 年代中期，主要的电影生产工作室已经将全部主要的影片录制成为有声电影。而其他一些制片商，特别是卓别林的工作室仍然相信默片的市场。

有声时代的到来给整个电影行业带来了巨大的变革，声音的制作被纳入正轨。声音部门的主要任务就是录音、混音、配音以及分配音乐与音效的比重。在制作过程中需要有隔音室和剧场环境的配合。

到 20 世纪 20 年代末期，无声影片已经取得了非凡的成就，导演们知道如何摆放和移动摄像机来获取更多的戏剧冲突效果以及何时在镜头转场之间插入文字字幕来代表对白。由于声音的引入，改变了拍摄时的很多内容，早期的声音录制是复杂而困难的工作。在乔治·梅里埃的时代，录音师需要从一开始就计划好拍摄过程中遇到的各种细节。由于摄像机发出的噪声会淹没对白的声音，因此摄像师被安置在具有隔音效果的玻璃隔间中，在拍摄之前需要固定摄像机的机位，这也为拍摄带来了过多的限制。

早期的麦克风效果也很差，演员们经常将麦克风藏在电话或者是花瓶之中。很多早期的明星没有意识到他们不擅长用声音表演，或者是他们的声音与画面形象不一致。他们逐渐被从舞台上转型到电影方面的新人取代，因为这些人具有更加丰富的声音表现。从 1933 年起，录音就不断对拍摄产生限制，在其后的 20 年间，好莱坞的著名影片几乎全部是在摄影棚内拍摄完成的。有声时代到来之后，声音部门经常独立于公司的其他部门被出售，制片厂老板与导演之间也产生了各种矛盾。事实上，在外景拍摄条件下录制声音也的确会带来很多麻烦，这会极大增加影片的拍摄成本，不断给制片方和导演制造麻烦，例如，1925 年的《宾虚》（*Ben Hur*）就是为数不多的拍摄外景并进行声音录制的影片，当时的特效场景受到制作条件的限制，演员们几乎都是在冒着生命危险进行表演的（图 2-5）。

图 2-5　1925 年《宾虚》剧照

对特效部门来说，声音给他们带来了新的挑战。由于大多数内容都在棚内拍摄，因此特效技术人员需要制作各种异国情调及日常所见的生活场景。他们对此进行了大量的试验，其中之一就是将背景从后面投射到摄影棚的幕布上，让演员在幕布之前进行表演。这种形式在其后的 20 年间几乎成为所有好莱坞电影都使用的技术，它为远洋航行中的浪漫情节、驿站马车的追逐以及火车、汽车、飞机旅行等内容的拍摄提供了良好的技术支持。

虽然背面投射的技术取代了对跟踪遮罩蒙版的需求，但特效技术人员仍然在继续完善着跟踪拍摄的镜头。随着高级光学印刷技术的进步，各种电影拍摄中的元素、跟踪拍摄的元素和遮罩等可以在较好的控制下被合成到一起，大大提高了图像的质量。

20 世纪 20 年代，德国的电影技术比好莱坞略胜一筹。演员兼导演的保罗·威格纳是德国电影特效的积极倡导者，极力推崇"合成电影"的发展。威格纳对特效做了许多重要的尝试，如在著名的宗教沉思录影片《活着的佛祖》（1923 年）中，使用了二次曝光的遮罩技术：空中的佛祖指引迷失在大海中的船只到达安全地带。UFA 制片厂是当时德国最大的电影厂，大多制作景观电影，弗里兹·朗格就是其麾下的著名导演之一。朗格的上下集史诗片《尼伯龙根》（1924 年）全部在摄影棚里完成拍摄，影片中出现一条令人畏惧的 18 米长的机械龙，还使用了尤金·舒夫坦（Eugen Schufftan）发明的"舒夫坦合成法"，用镜子反射完整大小的场景，与缩小的模型组合在一起，此技术的应用使得德国电影名声大噪。朗格最杰出的特效代表作是 1927 年拍摄的《大都会》（图 2-6），电影使用了高质量微缩模型，片中玻璃板绘画、背景投影和实体特效等技术都得到了非常好的运用，对同期的美国电影影响不小，直到现在还是颇具影响力的影片之一。

图 2-6　电影《大都会》剧照

20 世纪 30 年代，特效已经成为电影制作不可缺少的部分，不仅可以创造视觉效果，还可以节约时间和金钱。由于特效技术进步显著，单一的特效制作部门已经远远不能担当重任，许多电影厂对特效部门进行了细分，如在米高梅公司，特效部门就分为背景投影、缩微模型、物理和机械特效、光学特效等。卡尔·莱梅尔建造的环球公司是第一个专门特效平台，为旗下著名的惊悚片提供了光学、物理和化妆特效，如托德·勃朗宁的《千岁怪人》（1931 年）和詹姆斯·惠勒的《科学怪人》（1931 年，图 2-7）。《科学怪人》中使用的电子道具推动了 20 世纪30 年代惊悚片渐隐的过渡趋势。

图 2-7　电影《科学怪人》剧照

　　1933 年，好莱坞经典特效电影《金刚》（图 2-8）问世，高质量微缩模型、光学印片技术和玻璃板绘画、背景投影都在此片中得到应用。

　　对于特效人员来说，影片中的色彩一直是个难以解决的问题，因为在摄影棚里，背景图像再次冲印时不能上色。而 1939 年彩色胶片的发明和派拉蒙设计的新型投影系统解决了这一难题；同时，移动遮罩技术也要做适当调整来与色彩相匹配。这种新技术在英国最先诞生，并在 1940 年版本的《巴格达窃贼》中首次得到使用。第一部彩色冲印遮片上色的影片是 1939 年的《飘》（图 2-9），经过几个月的耐心调试后，它成功地将遮片上色和活动影像完美地结合了起来。

图 2-8　1933 年电影《金刚》剧照　　　　图 2-9　电影《飘》剧照

　　20 世纪 40 年代的特效始于奥尔森·威利的《公民凯恩》（*Citizen Kane*，1941 年，图 2-10）。这部影片当中的很多特效即使现在看来也是非常逼真的，它为观众提供了玻璃绘景、微缩模型、动画和光线效果等各种特效技术综合起来的电影奇妙之旅。但也许是因为这些特效都做得太过自然，完全隐含在故事之中，而没有被很多人注意到，甚至没有获得才设立不久的奥斯卡特效奖项的提名，从《公民凯恩》这部影片的宣传海报当中我们可以看到，20 世纪 40 年代的影片在制作环境和灯光效果上，还是很大程度地借鉴了舞台剧中的元素。

特效不仅体现在灯光上，而且对服装、化妆、道具等都有很精细的设定，如图 2-11 所示。

图 2-10　电影《公民凯恩》海报　　　图 2-11　电影《公民凯恩》中的服化道

《公民凯恩》这部影片中的镜头从超级近景特写到大场景的镜头机位调用，突破了以往众多的构图原则和规律。在表现孤独对白的人物时，特别使用了大光圈的镜头，从而加强对景深效果的控制。它使用的强烈的戏剧效果镜头更是影响深远，镜子、反射、重复等内容的应用一直影响到今天的影片。此外，影片中大量背景板绘制和动物演出效果的合成，都是特效镜头当中非常经典的内容。

"二战"爆发后，好莱坞致力于拍摄战争片以鼓舞前线将士和后方人员的士气，于是，重建的战场、驱逐舰巡游的海面、满是轰炸机的天空都需要特效来表现，主要依靠模型和缩微物的图片来表现大规模的场景。米高梅公司的《东京上空三十秒》（1944 年）使用了一个 92 平方米的蓄水池作为摄影棚，拍摄宏大的海军对峙场景（图 2-12）。空中战斗场景则通过复杂的无线系统操纵模型飞机来实现，使用这一特效最为著名的影片是《忠勇之家》（1942 年），影片中 24 架模型飞机准确无误地出发的场面非常壮观。

图 2-12　电影《东京上空三十秒》剧照

传统特效发展阶段的电影特效技术含量与质量有了明显的提高，影像效果也开始细致、精确、真实。但此时电影艺术在完善自身过程中也面临着很多问题，如电影语言、叙事结构、声音定位、色彩功能以及电影流派问题等，特效没有受到特别关注，其价值仅仅被视为一种电影噱头和技巧而游离于主流探索之外。

三、传统影视特效的成熟阶段

20世纪50年代，好莱坞的霸主地位受到电视的严重挑战，电影经济跌落低谷，特效行业也受其影响，许多著名的大制片厂都纷纷关掉经营了几十年的特效制作部门。为应对电视的竞争，好莱坞决定加大投资来凸显电影的优势，通过革新技术来赢回观众，发明了诸如宽银幕电影、环幕电影、立体电影及穹幕电影等。

宽银幕电影在推广过程中获得了成功。它在拍摄过程中使用变形镜头将图像挤压成正常的尺寸，洗印之后再在放映过程中通过"拉伸"使图像恢复正常。在这个过程中唯一需要改变的设备就是镜头，它必须适应放映设备的需要。1953年福克斯公司首先在作品《圣袍》（The Robe）中使用了这种宽银幕效果并获得了很好的反响。

20世纪50年代的电影对观众的另一部分吸引力就是各种各样的新花样，三维电影可能成为电影的救星。1952年的三维影片《非洲历险记》（Bwana Devil）向观众承诺可以体会到"将狮子放到膝盖上的效果"，如图2-13所示。

好莱坞开始尝试各种各样的影片类型，从音乐片《刁蛮公主》（Kiss Me Kate，1953年）到惊悚片《电话谋杀案》（Dial M for Murder，1954年），从恐怖片《恐怖蜡像馆》（House of Was，1953年）到西部片《蛮国战笳声》（Hondo，1953年），但是观众并不喜欢戴上特殊的眼

图 2-13
电影《非洲历险记》海报

镜来观看影片，就是现在的大部分3D影片还是要借助眼镜等特殊设备观看的。因此，在3D影片被推出18个月之后，它的热潮就已褪去，完全看不出痕迹。

制片厂商需要考虑的东西远比图像要多。当全家人都坐在电视机前观看露西·博和杰克·格里森的节目的时候，去影院观看电影的观众人群结构发生了变化。青少年和年轻夫妇不愿意和家中父母等人待在一起，更喜爱去环境黑暗的影院。此外，汽车影院在战后的郊区悄然兴起。到1956年，美国有超过四千家汽车影院。人们可以坐在汽车中，而不是在传统的影院中观看影片。尽管这种方式

很流行，但仍旧不能阻止电影市场份额的不断下滑。

科幻小说和漫画从 20 世纪 40 年代起就变得非常流行了，但好莱坞似乎还没有在科幻领域做出有成就的影片，而是继续试图在廉价影片和 B 级电影中获取利润。但是随着科幻文学在当前电影的目标受众群体 —— 青年人当中越来越盛行，好莱坞此时似乎也嗅到了一个看起来比较安全的投资赌注。

乔治·帕的《终点站月球》（*Destination Moon*，1950 年）是这一时期的第一部科幻影片，他还为这一时期最重要的几部科幻小说制作了电影版。《终点站月球》在商业上的成功引发了这类影片的热潮。20 世纪 50 年代，人们出于对战争和原子弹的恐惧，很多表现外星与地球命运的影片诞生了。

从 20 世纪 50 年代中期开始，一系列科幻题材的影片伴随着这些各种类型的科幻怪兽不断变换，从随着时间逐渐被遗忘的《黑湖妖谭》（*Creature from the Black Lagoon*，1954 年）到《原子怪兽》（*The Beast form 20000 Fathoms*，1953 年），再到原子实验变异生物题材的《X 放射线》（*Them*，1954 年）以及身体和灵魂都被外星人入侵的《天外魔花》（*Invasion of the Body Snatchers*，1956 年），还有被现代科技侵害的《变蝇人》（*The Fly*，1958 年）等。

这些电影的出现都意味着好莱坞特效部门的工作大量增加。模型师们经常忙碌着制作各类飞行器，既有经典的外星飞船样式的圆形飞行器，也包括各类复杂的模型，如《地球争霸战》（*The War of the Worlds*，1953 年），它运用了很多现在还常见到的特效合成技术，如图 2-14 所示。20 世纪 50 年代很多科幻影片都是在很小的预算下完成的，很多独立导演也加入这类影片的制作行列。

图 2-14　电影《地球争霸战》剧照

在 20 世纪 50 年代的电影特效中，怪兽是由穿着橡胶装束的人装扮的，通过较小的位置和姿势变化来进行表演。最著名的莫过于电影《黑礁》，特技演员需要穿上半猴子半蜥蜴类型的服装进行表演。在这一时期非常引人注目的机械设定也开始大量出现，例如，《X 放射线》中的巨型蚂蚁和《禁忌星球》（*Forbidden Planet*，1956 年）中的机器人。

这一时期，特效大师雷尔·哈里汉森家喻户晓，他因设计《巨大的乔亚》（1949年）中逐格运动的猿而备受关注，后来又为一系列怪物影片制作了许多惟妙惟肖的怪物形象，其中包括《海底来物》（1955 年）、《地下两千万里》（1957 年）中的怪物形象。在《辛巴达七航妖岛》（1959 年，图 2-15）这一壮观的神话系列片中，为了制造出阿拉伯的夜景，哈里汉森使用了透视、分屏技术、超小的道具、遮罩技术、停格拍摄动画等一些以前从未使用过的复杂技术。

图 2-15　电影《辛巴达七航妖岛》剧照

20 世纪 60 年代，好莱坞特效制作部门中流行的传统背面投射技术已经很少用到了，取而代之的是模型师搭建的实景模型特效，为的是使这一时期的史诗巨片表现得更加真实可信。飞机坠毁的镜头往往会请退役的飞行员在真实比例的飞机模型中表演。在 1966 年的《霹雳神风》（*Grand Prix*）中，赛车爆炸的场景也通过炮轰模型进行真实度很好的模拟，这种情形比比皆是，人们更加相信现场拍摄的震撼力量。就这样，跟踪并进行蒙版绘制的效果减少了，那些靠制作普通特效和字幕特效的工作室逐渐关闭。

到 20 世纪 60 年代中期，只有迪士尼公司保留了全职的特效部门为它的家庭娱乐电影如《疯教授》（1963 年）和《玛丽·波平斯》（1964 年）服务。很多特效大师都被迫离开了他们热爱的电影特效行业，有些组建了自己的小公司来独立制作，大多数则选择了退休养老，结束了电影生涯。大制片厂的特效制作部门纷纷由小公司代替，为许多年轻有为的后来人提供了施展才华的机会。此间，大量的制作实践把电影特效涉及的机械技术、光学技术、化学技术、道具模型制作技术及电子电视技术有机地融合到一起，获得了更多的特效手段，创造出众多令人耳目一新的视觉效果。光学技巧印片机、改进后的运动拍摄控制系统、前景投影技术以及精密模型的制作工艺等，都为迎接电影特效新时期的到来做了充分的准备。

1968年，斯坦利·库布里克导演的《2001太空漫游》（图2-16）横空出世，使电影特效以一种崭新的面目重新引起了人们的重视，并发展成一种能够参与绝大多数主流影片生产制作的成熟手段，甚至在某种角度上成为一些影片必须的制作技术。在施特劳斯的音乐中，空间站如同芭蕾一般在太空飞行，这完全改变了人们对太空旅行的看法，并对第二年人类的首次登月进程产生了影响。

如图2-16所示，这是《2001太空漫游》的海报和经典元素。人们很难相信那是在完全没有三维特效的年代制作出来的，道具和灯光的完成度、对细节的把握值得每一个特效工作人员学习和借鉴。电影对于美国来说不仅仅是娱乐，电影部门隶属于国家科学与艺术委员会，电影是科学研究与图形虚拟技术的一部分，因此大家对影视特效的制作都是按照科学研究的方法进行的，很多影视中的内容也的确开启了科学探索的新思路，引起人们对科学的重视和对人类社会的反思，电影对科学发展起到了至关重要的作用。

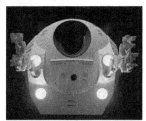

图2-16　电影《2001太空漫游》海报及经典元素

对于库布里克来说，真实感是特效的关键，他对真实感的痴迷正是这部影片特效取得巨大成功的关键。《2001太空漫游》这部影片被认为是20世纪60年代唯一对电影特效作出贡献的影片。库布里克并不满意背面投射技术形成的视觉效果，正面投射也不能完美体现他所表现的内容，于是一种新的能够使背景图像更大、更亮、更清晰的技术被首次运用到电影拍摄当中。通过机械装置来控制摄像机运动的位置变化，使其可以完全重复之前的动作，正是这种先进的运动控制设备确保了拍摄前景角色和背景图像运动的一致性。在《2001 太空漫游》这部影片中，它被用来拍摄大型的飞船模型。这种拍摄飞船模型的方法一直到现在的"星际"系列影片中还经常能见到，这种创新的图像生成方式被称为"夹缝扫描"。

20 世纪 70 年代早期，诞生了一批后来被人们标榜为"电影新生儿"的年轻导演，他们对经典好莱坞有浓厚的兴趣，同时又拥有电影学院科班出身的背景。这些导演包括弗拉西斯·福特·科波拉、乔治·卢卡斯、史蒂芬·斯皮尔伯格，他们对传统的好莱坞心存感激，但又致力于创造新的符合市场需求的电影 —— 大投资、全方位满足的事件电影。1972 年科波拉开始拍摄《教父》（*The Godfather*，1972 年），年轻导演们开始创作前所未有的大众口味的影片。《教父》对美国人的生活产生了巨大的影响，这部影片的广泛传播使得人们不断进行社会反思，不论是对朋友、家庭还是后代，它在精神启蒙上的力量远远大过其中的特效镜头部分。

卢卡斯的《美国风情画》（*American Graffiti*，1973 年）虽然是在很少的预算下拍摄的，但首发即获成功。接下来是斯皮尔伯格的《大白鲨》（*Jaws*，1975 年），海报及剧照如图 2-17 所示。这位年轻的导演一下引起了电影界的轰动，因为这部影片创下了票房首次突破 1 亿美元的纪录，这为以后的电影营销策略打下了基础，被称作电影史上著名的"事件"。

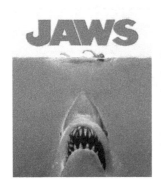

图 2-17　电影《大白鲨》海报及剧照

在《大白鲨》的摄制过程中，导演使用了一些机械特效来使得橡胶鲨鱼模型的运动效果更加真实可信，但是这部电影本身并没有将特效推向什么新时代，在拍摄过程中使用机械控制鲨鱼为拍摄制造了困难，使拍摄时间超期并且超出了预算，这也给其他想要使用机械装置拍摄影片的人提出了警告。但正是这些年轻导演的作品对电影产生了重大的影响，使电影特效得以复兴。

1975 年 6 月，乔治·卢卡斯雇用约翰·戴克斯屈为电影《星球大战》（*Star Wars*，图 2-18）做特效，ILM（工业光魔）公司创立。ILM 的人员构成堪称"三教九流"，有搞建筑的，有做模型的，有拍广告的，还有的是玩机械设计的，几乎没一个人从事过拍电影。戴克斯屈等人共同努力，大胆使用计算机同步、动作控制和蓝幕摄影技术，成功地压缩了《星球大战》的制作周期。斯坦利·库布里克的《2001 太空漫游》花了 5 年时间制作，而 ILM 用不到 2 年的时

图 2-18　电影《星球大战》海报

间就完成了《星球大战》（1977 年）的 360 个特效镜头。《星球大战》的上映获得了前所未有的成功，卢卡斯电影帝国的主力军 ILM 彻底改变了整个世界的电影制作观念。

在太空战斗的场景中，卢卡斯希望能够重建第二次世界大战影片中空中混战的速度和类似的场面。这其中涉及大量快速运动的飞船、移动的背景和具有复杂位移变化的摄像机，还要将所有这些内容无缝地整合在一起，当时的特效技术几乎无法达到这样的制作要求。于是卢卡斯的特效制作团队尝试着使用新的技术，他们用计算机连接摄像机并控制其运动，这样做可以精确记录并重复摄像机的运动，这开创了特效技术向电脑时代发展的先河。其他的特效部门也都为展现卢卡斯所想象到的画面而努力提升自己的实力，例如，透明度控制、玻璃绘景、模型搭建、化妆、特殊动画效果和烟火效果等。在这部电影里，卢卡斯还创造了多项意义深远的发明：他发明的一个机械装置，可以把实拍的画面和后期合成画面轻松地协调成同步，这把多年来只能靠手工同步合成胶片的效率一下提高了几十倍。但是，这一时期的工作方式非常原始，比如手工抠像拍摄中还存在着传统的背景画布和摄影的结合。

《星球大战》引领影视特效进入了新纪元。虽然使用了计算机技术，但在 1977 年首部作品中，计算机图形图像尚在开发研究中，实际上在影片中使用到的计算机特效镜头是非常少的。反而是在后来的其他五部"星战"作品中加入了更多的计算机特效。

1977 年，史蒂芬·斯皮尔伯格拍摄的《第三类接触》（*Close Encounter of the Third Kind*，图 2-19）也同样依靠特效技术的突破获得成功。影片没有采纳

早期外星人进攻地球的吓人伎俩，而是创新地展示科学、神话、宗教的融合。为了获得这种视觉效果，斯皮尔伯格召集了一批特效天才，包括一些曾经在《2001太空漫游》中工作过的特效人员来制作地球全景模型、微缩太空船、遮片上色、动画、光学特效、机械造物特效以及一些大的电影置景。

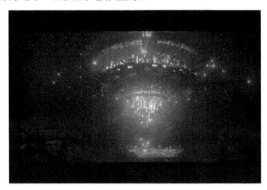

图 2-19　电影《第三类接触》海报及剧照

《星球大战》和《第三类接触》都获得了惊人的票房成绩，并为它们的投资者赢得了可观的财富，让他们在好莱坞拥有了无与伦比的力量。《2001太空漫游》的成功来得太快，制片商还没有反应过来观众口味的变化，但是他们似乎从这部影片中看到了未来的些许亮光。而这时，动作表演类型的影片被大规模缩减，大量的特效类型影片被提到议事日程上来。到 20 世纪 70 年代晚期，大量奢侈的特效设备被投入使用，特效艺术家们迎来了充满变革的机会，这一时期出产了大量的特效类型影片，包括《超人》（Superman，1978 年）、星际系列影片《星际旅行：无线太空》（Star Trek: The Motion Picture，1979 年）、《黑洞》（The Black Hole，1979 年）和《异形》（Alien，1979 年）。尽管制片厂商也一直支持各种类型的小规模影片的制作，但是他们也一直期待着能够带来下一阶段巨大轰动效应的影片类型的来临。于是电影制片商们开始在特效类影片上进行疯狂投资，并在这段时间内赢得了回报。

传统特效的技术水平在这一时期达到了巅峰，光学特效技术创造出的银幕梦幻效果也达到了传统特效技术的最高水平。但从影像合成控制角度来说，光学合成技术存在着许多难以逾越的缺陷，主要表现在制作人员始终无法尽情地干预影像的合成过程，影像效果并不十分完美，有不少人为痕迹。

随着电影对特效需求的增加，新技术特别是电脑图像技术越来越多地参与到电影电视特效的制作过程中,甚至逐渐改变了影视特效生产各个部门的工作流程。

第三节　数字时代的影视特效发展

数字时代的影视特效是伴随着计算机图形技术飞速发展的，也是伴随着人类对视频影像的大量需求而诞生的。

从 20 世纪 80 年代的乔治·卢卡斯开始，电影特效迎来了前所未有的发展高潮，掀起了电影特效的革命。这个阶段，蓝屏技术、计算机控制技术、计算机图形图像技术的日趋成熟与高速发展，为电影特效的创新提供了广阔的研究平台。

1982 年，迪士尼公司制作了《电子世界争霸战》（图 2-20），这是一部在计算机里制作完成的电影，几分钟的电影胶片都是计算机生成的，迪士尼以此成为数字电影特效的先行者。尽管《电子世界争霸战》票房收入惨淡，没有让人在短期内对计算机生成图像产生兴趣，但是研究仍在进行。

图 2-20　电影《电子世界争霸战》剧照

1982 年，乔治·卢卡斯制作的《星际迷航 2》（图 2-21）标志着计算机动画开始正式进入电影娱乐业。该片 60 秒的特效开创了电影史上的多个第一，包括开发逼真的火焰算法、创造虚拟山脉和海岸线的分形几何方程式，等等。在这部具有深远影响力的

图 2-21　电影《星际迷航 2》剧照

影片中，CG 技术第一次成为注意力聚焦的中心。

1989 年，ILM 为科幻经典《深渊》制作了电影史上第一个计算机三维角色。詹姆斯·卡梅隆在 ILM 的帮助下，第一次用计算机创造出了一种栩栩如生的虚

拟海底生物（图2-22），它可以像水一样自由变形，甚至可以拥有人脸和人手的形状，这种逼真的虚拟生物除了使用计算机图形技术制作外，无法用任何其他手段完成。这一惊人的视觉效果在当时引起了很大轰动。之后，好莱坞附近冒出了很多各种各样大大小小的数字制作工作室，计算机图形技术也大量应用到电影制作中。

图 2-22　电影《深渊》剧照

电影《侏罗纪公园》（1994 年，图 2-23）中第一次出现了由数字技术创造的、能呼吸、有真实皮肤、肌肉和动作质感的角色。随后，ILM 的技术越来越先进，想象力更广阔，创造了电影史上无数个第一，立体卡通人物（《变相怪杰》）、能说话的"真人"（《鬼马小精灵》）也相继出现在真人电影里。

图 2-23　电影《侏罗纪公园》剧照

随着计算机产业的不断发展，计算机图形处理技术日趋完善。计算机技术可以把图像分解成一个一个像素，在这种情况下，素材的混合叠加，二维、三维动画的特效效果，多层画面的叠合处理，特别是虚拟场景和真实场景的合成技术运用，都能得以实现。数字图像处理技术实现了许多过去无法实现的影视特效效果，进入 20 世纪 90 年代，该技术日益成熟，也诞生了若干部具有代表性的影视作品。

从《加勒比海盗》的虚拟角色，到《后天》的影视合成；从《变形金刚》的衣物模拟，到 WALL·E 的全三维 CG 电影，它们都把 CG 技术与电影艺术完美地融为一体。CG 技术成为现代商业电影中不可取代的一部分，CG 技术为现代电影工业注入了活力，给电影带来了前所未有的视觉效果，丰富了电影的艺术张力和生命力。

CG 时代的特效制作主要分成两大类：三维特效和合成特效。三维特效由三维特效师完成，主要负责动力学动画的表现，如建模、材质、灯光、动画、渲染等。合成特效由合成师完成，主要负责各种效果的合成工作，如抠像、擦威（擦除威亚）、调色、合成、汇景等。

传统的特效利用光学效应来控制胶片上的图像，例如渐变、叠化、划变、叠印和分割屏幕，都需要使用图案遮罩进行处理。这是一个光化学的过程，需要重新拍摄修改部分胶片。制片人向特效制造部门提供胶片，特效部门根据对效果的需要拍摄出新的图像，然后再通过印片机或者是类似的设备将制作出的图像与原来的素材结合进行重新拍摄，通过这种方式产生理想的效果。当视觉打印结束后，包含视觉效果和最初图像的新胶片就被送到实验室进行处理和印制了。为了去掉不小心出现在画面中的麦克风，可能需要裁切画面并重新放大。一些实验室设备可以处理简单的特效，但是对于复杂特效来说，如在画面上加入滤镜效果或是切分画面，这些都要由特效部门来完成。

传统视觉特效是"光化学成像"的过程，要求至少重新拍摄一次图像，事实上经常需要反复很多次，这意味着产生的效果内容与最初的胶片之间隔了很多步骤，甚至好几代，因此，图像的质量会受到很大影响（主要是增加了对比度和纹理）。另外，那些最初的底片会被不断地处理，放在打印机当中，底片会被弄脏或者产生划痕。底片上的一点刮擦或者是输片孔齿轮上的一些拉扯，有时都是无法修复的。将影视作品交给技术熟练的知名特效公司进行制作可以在一定程度上避免胶片损毁，但不能完全避免。于是使用计算机图形图像技术对胶片图像的数字化处理就成为影视业越来越受欢迎的项目。一旦将胶片或是模拟信号上的内容数字化，传统的迭代损失就不需要再考虑了，可以复制一千次，最后的图像依然与第一个完全相同。我们熟悉的《玩具总动员》（*Toy Story*，图 2-24）就开创了数字电影艺术的先河。

图 2-24 电影《玩具总动员》剧照

数字技术除了能更好、更完美地呈现传统电影特效技术的效果，还可以出色地完成传统电影特效技术不能做到的内容。计算机与电影特技的结合体现在两方面：一是起控制作用，控制用来辅助产生画面的装置，拍摄特殊的画面或进行合成；二是直接参与创建电影特效画面。后者又可以分成几类：第一类是计算机生成（Render）影像，也称为计算机图形处理技术或计算机成像技术。它与利用传统的模型摄影方法相似，只不过是用二维动画和三维动画软件建立数字模型，进而生成影片所需的动态画面，不需要摄影机的参与，直接产生画面。第二类是数字影像处理，即用软件对摄影机实拍的画面或软件生成的画面进行再加工，从而产生影片需要的新图像，包括对画面的色彩处理、变形处理，对合成画面的质感处理等。第三类是数字影像合成，合成技术是指把多种源素材混合成单一复合画面的处理过程，是影视制作工艺流程中必要的环节。早期的影视合成手段主要依赖胶片洗印和电子特技，如电影中广泛应用的遮片技术。但是，它有很大的局限性，如不能合成比较复杂的画面，更无法用传统的合成技术将计算机制作的图像与其合成在一起。因此，需要由数字技术来实现这一点。

20 世纪 90 年代开始，数字绿幕技术，又称为"色度键抠像技术"全面崛起。在基础视频混合处理系统中，色键是颜色的数字化标志，相当于把所有颜色转化为视频信号。现在，老式胶片摄影已经逐步被数字拍摄所取代，而数字感光器材对绿色更为敏感，所以在绿幕背景下拍摄更加方便制作活动遮罩。同时，由于蓝幕和天空颜色相近，因此，在进行户外场景的拍摄时，使用绿幕拍摄能解决蓝幕带来的抠像不完整等问题。绿幕技术能够精准地将前景和背景剥离，还能大大压缩特效制作的时间。因此，绿幕技术更受电影特效师们的青睐。

电影如果过分依赖电脑合成特效，就会失去它的本真。但是，电影特效展现了导演天马行空的想象力，为观众奉上一场场视听盛宴，推动电影工业的发展。从 1896 年乔治·梅里埃的电影《贵妇人的失踪》，到 2016 年的《奇异博士》（图 2-25），电影特效不断进步，让人们有更多的机会体验梦想成真、叹为观止的感觉。

图 2-25 电影《奇异博士》剧照

第三章　数字影视特效制作的理论基础

对数字影视特效制作的研究，既是研究一种技术，也是探究一门艺术，探究一种综合形象的思维观念。因此，人们要想深入解析数字影视特效制作的相关技艺，便不得不加强数字影视特效制作的理论基础的研究。

本章将从数字影视特效的镜头语言、数字影视特效制作与合成的常用软件、常用插件以及工作流程四个方面，深入剖析数字影视特效制作的理论。

第一节　数字影视特效的镜头语言

镜头是影视创作的基本单位，一部完整的影视作品是由一个一个的镜头完成的，离开独立的镜头，也就没有了影视作品。通过对多个镜头的组合和设计的表现，才能完成整个影视作品镜头的制作。所以，镜头的应用技巧也直接影响着影视作品的最终效果。

一、推镜头和拉镜头

推镜头是指使画面由大范围景别连续过渡的拍摄方法。推镜头一方面把主体从环境中分离出来，另一方面引起观者对主体或主体的某个细节的特别注意（图3-1）。

拉镜头与推镜头正好相反，它把被摄主体在画面中由近至远、由局部到全体地展示出来，使主体或主体的细节渐渐变小（图3-2）。拉镜头强调主体与环境的关系。

图 3-1　推镜头

图 3-2　拉镜头

二、摇镜头

摇镜头是指摄像机的位置不动，只作角度的变化。其方向可以是左右摇或上下摇，也可以是斜摇或旋转摇。其目的是对被摄物体的每个部位逐一展示，可以是展示整体环境，也可以是审视某一个物体。其中最常见的摇镜头是左右摇，在电影拍摄中经常使用（图 3-3）。

图 3-3　摇镜头

三、移镜头

移镜头是主动移动摄像机进行拍摄，也称为移摄，拍摄和造型手段十分丰富，世界上第一个运动镜头就是在船上移动拍摄而得到的，移摄丰富了影视的表现手段（图3-4）。

移摄首先要强调的是在运动中获得稳定的图像，移摄的发展是和摄像机稳定设备的发展紧密相连的，如导轨、斯坦尼康等都是移摄常用的设备。好莱坞电影中常见的追车镜头就是移摄的典

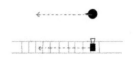

图3-4 移镜头

型。移摄的典型特征是画面、视点和画面主体都处于运动状态，在一定程度上加快了作品的进程和节奏，在运动中增加画面冲突，使人们始终处于紧张状态，从而紧紧抓住观众的心，让观众主动参与到故事情节当中。移摄的运动方向和方式有很多，可根据不同的要求任意选择搭配。

移摄与摄像机运动所依附的移动载体关系很大，如依附飞机、飞艇的航拍，依附汽车、火车、轮船的快速摄像，依附导轨的小范围移动拍摄，依附斯坦尼康的行进间拍摄等。

由于航拍对运动载体的要求较高，花费也比较大，因此一般仅应用于大型纪录片或史诗性的影视剧中，如《话说长江》《望长城》等都大量运用了航拍。航拍可以增强节目的气势和艺术张力，给人们带来全新的视角，并带给人们异乎寻常的全新体验。观众在《话说长江》中可以看到长江穿行于崇山峻岭当中，从空中看下去，气势奔腾的千里峡江如一条凌空飞舞的彩练，飘落在千峦万嶂之间，袅娜多姿，款款可人。雄伟长江的壮丽景色和磅礴气势便由航拍得以体现。

快速摄像是依附快速移动的交通工具在水平面或陆地进行拍摄，在电影或电视剧中常用这种方式来组织情节，而在电视新闻中则主要用于空间位置的过渡等。

慢速或行进间拍摄是影视节目中最常见的移摄方式，常用导轨、斯坦尼康或推车进行拍摄，主要反映的是镜头的慢速移动。

四、跟镜头

跟镜头是指跟随拍摄，即摄像机始终跟随被摄主体进行拍摄，使运动的被摄主体始终在画面中。其作用是能更好地表现运动的物体。

由于摄影机跟随运动着的被摄对象拍摄画面，因此跟镜头可连续而详尽地表现角色在行动中的动作和表情。它既能突出运动中的主体，又能交代运动物体的运动方向、速度、体态及其与环境的关系，使运动物体的运动保持连贯，有利于展示人物在动态中的精神面貌（图3-5）。

图 3-5　跟镜头

跟镜头可以分为正面跟镜头、侧面跟镜头和背后跟镜头三种方式。

（一）正面跟镜头

正面跟镜头是摄像机位于被摄主体的正前方，用于拍摄记录被摄主体运动中的状态。比如电视新闻中常有的领导视察镜头，常用的拍摄方式就是正面跟镜头，这样可以从正面完整记录领导的一举一动，不会错失重要镜头。另外，在影视剧中也常有汽车中的交流镜头，就是将摄像机固定在汽车的前部，从正面记录主体间的谈话和表情。

（二）侧面跟镜头

摄像机位于画面主体的侧面，同样可以拍摄记录画面主体的表情、动作，只不过是侧面的，这可以作为正面跟镜头的重要补充。另外，侧面跟镜头除了能看到画面主体的行为举动之外，还可以拍摄到位于被摄主体另一个侧面而处于摄像机正面的风景和人物。比如在阅兵的时候，摄像机位于侧面进行拍摄，不仅能表现阅兵时领导的状态，同样也可以展示被检阅人员的精神风貌。

（三）背后跟镜头

背后跟镜头是紧紧跟在被摄主体的后面进行拍摄的一种方式，主要用于展示主体在运动中的所见所闻以及画面主体本身的动作和语言。比如，在大型电视纪录片《望长城》中就大量运用了背后跟镜头的拍摄方式，完整展示了现场调查人员寻访长城以及长城周边人物的调查过程。这种拍摄方式的魅力主要体现在可以很自然地调动观众积极参与到节目中，使观众与调查员一起去发现，去探索，谁也无法预知下一步会发生什么，将观众的思想完全与调查的过程融为一体，观众根据自己的所见作出判断，然后再根据现场调查员的讲解来揭开谜底，大大提升了观众参与的满足感。

五、甩镜头

甩镜头实际上是摇镜头的一种，具体操作是在前一个画面结束时，镜头急骤地转向另一个方向。

在甩镜头的过程中，画面变得非常模糊，要等镜头重新稳定时才出现一个新的画面。它的作用是表现事物、时间、空间的急剧变化，造成观众心理的紧迫感。甩镜头还适合表现明快、欢乐、兴奋的情绪，也可以产生强烈的震动感和爆发感，如《罗拉快跑》中曼尼开始持枪抢劫超市的镜头（图3-6）。

图3-6 甩镜头

六、升降镜头

升降镜头是指摄像机借助升降装置（如摇臂等）在升或降的过程中进行拍摄的方式，用这种方法拍到的画面叫升降镜头。

升降镜头的画面极富视觉冲击力，影视作品通过升降镜头带给观众无法达到的观察视角，从而给观众带来新奇、独特的感受。比如在谈话型栏目《艺术人生》中，在嘉宾非常激动的时候，就常用摇臂使摄像机运动到嘉宾的正面拍摄嘉宾的近景镜头，伴随着嘉宾情绪的变化，摇臂逐渐升起并远离嘉宾直到俯拍谈话现场全景，给电视观众带来了前所未有的观看体验。

升降镜头常用于影视剧、晚会、音乐电视和大型演播室电视节目中，其特点主要体现在垂直观察角度的变化，随着摄像机的升降，升降镜头中视域范围会变大或缩小。如果随着摄像机升高，平拍转变为俯拍镜头的话，那么画面展示的内容就会由主体与周围环境的关系转变为主体与大地以及更大的周围环境的关系，画面会极具象征意义。

升降镜头的魅力还体现在镜头从场面的一个点逐渐匀速升起展示的激动人心的画面，镜头从平视到高处俯瞰的变化过程非常全面地展示了场面的宏大。比如在国际足联世界杯的开幕式中就有飞艇逐渐飞起，拍摄开幕式全貌的过程，整个过程撼人心魄。

七、拍摄角度

拍摄角度可以从两方面来理解，一方面是指摄像机与被摄主体所构成的几何角度，另一方面是指摄像机与被摄主体所构成的心理角度。摄像机拍摄的几何角度包括垂直平面角度（摄像高度）和水平平面角度（摄像方向）两个内容。

（一）摄像高度

摄像高度是指摄像机镜头与被摄主体在垂直平面上的相对位置或相对高度。

这种高度的相对变化形成了三种不同的情况：当摄像机镜头与被摄主体高度相等时，称为平角或平摄；当摄像机高于被摄主体向下拍摄时，称为俯角或俯摄；当镜头低于被摄主体向上拍摄时，称为仰角或仰摄。

1. 平角（平摄）

平角拍摄时，由于镜头与被摄对象处于同一水平线上，其视觉效果与日常生活中人们观察事物的角度相似，让人感觉平等、客观、公正、冷静、亲切。平角拍摄画面结构稳固、安定，形象主体平凡、和谐。当平角拍摄与移动摄像结合运用时，会使观众产生一种身临其境的感觉。

2. 俯角（俯摄）

俯角拍摄是一种从上往下、由高向低的拍摄方式。这时摄像机镜头高于被摄主体水平线，有利于表现地面景物的层次、数量、地理位置以及盛大的场面，给人以深远辽阔的感受。一般来说，俯角拍摄具有交代环境位置、数量分布、远近距离的特点，画面比较严谨、实在。俯角拍摄人物活动时，能较好地展示人物的方位和姿势。俯角不适于表现人物的神情和人与人之间细致的情感交流，在拍摄近景人物或以人物情感交流为主的中、近景画面时，不宜使用俯角拍摄。用俯角拍摄人物带有贬低、蔑视的意思，此时画面形象压抑，视觉重量感较小。

3. 仰角（仰摄）

仰角拍摄与俯角拍摄相反，是一种从下往上、由低向高的拍摄方式。这时摄像机镜头低于被摄主体水平线。一般来说，仰角有突出主体形象的作用。在外景以天空做背景并用仰角拍摄可以净化背景，达到突出主体的目的。仰摄垂直线条的景物，线条向上汇聚，有夸张被摄对象高度的作用，从而产生高大、挺拔、雄伟、壮观的视觉效果。由于仰摄能形成高大挺拔、雄伟的视觉效果，因此仰摄经常带有褒意，往往用来拍摄英雄人物，表达赞颂、敬仰之情。

（二）摄像方向

摄像方向是指摄像机镜头与被摄主体在水平平面上的相对位置，即通常所说的正面、背面或侧面。摄像方向发生变化，影视画面中的形象特征和意境等也会随之发生明显的改变。

1. 正面方向拍摄

正面方向拍摄是指摄像机镜头在被摄主体的正前方进行的拍摄。正面方向拍摄有利于表现被摄对象的正面特征，容易显示出庄重稳定、严肃静穆的气氛。正面方向拍摄的人物，可以看到人物完整的面部特征和表情动作，用平角和近景拍摄，有利于表现画面人物与观众面对面的交流，带给观众参与感和亲切感。一般对于节目主持人或被采访对象都采用这个角度拍摄。正面方向拍摄的不足是物体透视感差，立体效果不太明显，如果画面布局不合理，被摄对象就会显得呆板。

2. 侧面方向拍摄

侧面方向分为正侧面方向与斜侧面方向两种情况。正侧面方向拍摄是指摄像机镜头与被摄主体正面方向呈 90° 夹角所拍摄的画面。正侧面方向拍摄有利于表现被摄物体的运动姿态及富有变化的外轮廓线条。通常用正侧面方向拍摄人与人之间的对话和交流，如在拍摄会谈、会见等双方有对话交流的内容时，常常采用这个角度。正侧面方向拍摄的不足是不利于展示立体空间。

斜侧面方向是指摄像机在被摄对象正面、背面和正侧面以外的任意一个水平方向。斜侧面方向拍摄能使被摄物体产生明显的透视变化，使画面活泼生动，有利于表现物体的立体形态和空间深度。斜侧方向在画面中还可以起到突出两者之一、分出主次关系的作用。比如用近景拍摄电视采访时，采访者位于前景、后侧

面角度，被采访者位于中景稍后、前侧面角度，这样观众的注意力就容易集中在被采访者身上。斜侧面方向拍摄还有利于表现主体和陪体的关系，是摄像方向中用得最多的一种形式。

3. 背面方向拍摄

背面方向拍摄即从物体背后进行的拍摄。背面方向拍摄的视向与被摄对象的视向一致，是一种较少被采用的角度，它往往能产生特别的效果，可以引人思考。背面拍摄往往会给观众带来很强的参与感、伴随感。它能将主体人物和他们所关注的对象表现在同一个画面上，观众能够看到主体人物在看什么，也就容易知道人物在想什么。

八、景别

景别是指被摄主体在画面框架结构中所呈现出来的大小和范围。决定景别大小的因素有两个：一是摄影机和被摄主体之间的实际距离，二是摄影机所使用的镜头焦距的长短。一方面，在拍摄角度不变的情况下，距离缩近，则图像变大，景别变小；另一方面，在摄影机与被摄主体之间的距离不变的情况下，变换摄影机的镜头焦距也可以实现画面景别的变化。通常是镜头焦距越长，被摄物体成像越大，景别越小；镜头焦距越短，被摄物体成像越小，景别越大。在三维动画中，调整摄影机的镜头焦距要比移动摄影机的位置更为方便，而且调整修改动画特性也更为简单。因而在三维动画中可以大量使用调整镜头焦距的方法来实现景别的转换。

不同的景别也可以通过调整摄影机的距离或者变换摄影机镜头的焦距来实现，景别不同，表现的内容和功用也不同。从某种意义上讲，景别的选择就是创作者思维活动的最直接表现。

通常情况下，景别分为远景、全景、中景、近景、特写等几种（图3-7）。

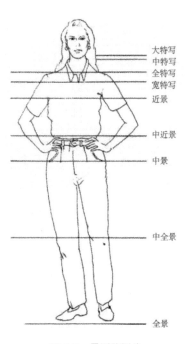

图3-7 景别的划分

（一）远景

远景一般用于表现广阔的空间或开阔的场面。远景是视距最远、表现空间范围最大的一种景别，如果以一个人为衡量尺度，那么在远景画面中他所占据的面积很小，几乎就是一个小点。远景视野深远、广阔，主要表现地理环境、自然风貌和开阔的场景和场面。在影视特效中很少使用远景，因为使用这种景别意味着画面中需要表现很多对象，这样一来，就需要布置大量的模型和灯光，也就意味着需要消耗大量的人力和计算机资源。

远景可细分为大远景和远景两类。大远景适合表现辽阔深远的背景和宏大的自然景观，特点是视野开阔，给人以壮观的视觉感受，抒情性较强。大远景注重通过深远的景物和开阔的视野将观众的视线引向远方，使观众产生遥望、眺望的感觉。一般情况下，影视特效中常使用大远景来交代背景场景（图3-8）。

相对于大远景，远景的景别稍小，画面中的人体可以隐约分辨其轮廓。远景画面的特点是开阔、舒展，一些宏大形体的轮廓线能够在画面中清楚表现。远景画面注重对景物和事件的宏观表现，力求在一个画面内尽可能多地提供景物和事件的空间、规模、气势等方面的整体视觉信息（图3-9）。

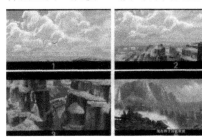

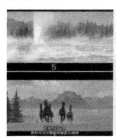

图3-8　大远景镜头　　　　　　　　　　图3-9　远景镜头

（二）全景

全景主要用来表现被摄对象的全貌，同时保留一定范围的环境和活动空间。与远景相比，全景画面有明显的内容中心和结构主体，重视特定范围内某一具体对象的视觉轮廓形状和视觉中心地位。

全景画面将被摄对象或场景的全貌收入画框，使得观众对所表现的事物、场景有一个完整的观察。观众对于整体形象的感知和把握是直接的、无间隔的，其表现效果比剪辑合成的完整景象更真实、更客观。

全景将被摄主体以及环境空间在一个画面中同时进行表现，可以通过典型环境和特定场景表现被摄主体。环境对被摄主体有说明、烘托、陪衬的作用。一般来说，全景画面是容纳构图造型元素最多的景别，因此在使用摄影机的时候应当注意各个元素之间的调配关系，以防喧宾夺主。

如图3-10所示，人物全貌都可置身在环境之中，并占据主要位置。

图3-10　全景镜头

（三）中景

中景一般用于表现成年人膝盖以上部分或场景局部的画面。相对于全景画面而言，中景画面中被摄主体的整体形象和空间环境降至次要的表现位置，更强调表现被摄主体的动作和故事情节。中景画面使观众可以看到被摄主体的主要动作，有利于交代场景中被摄主体和环境之间的交流（图3-11）。

图3-11　中景镜头

（四）近景

近景一般用于表现人物胸部以上部分或物体局部的画面。与中景画面相比，近景画面表现的空间范围进一步缩小，画面内容更趋于单一，环境和背景的作用进一步减小，吸引观众注意力的画面是占主导地位的人物或者被摄主体。近景常用来表现人物的面部神态和情绪。因此，近景是将人物或被摄主体推向观众眼前的一种景别，如新闻节目主持人或播音员多以近景的景别录制节目（图3-12）。又如电影《大明猩》中两位主人公的情感交流都是用近景表现（图3-13）。

图3-12　新闻节目中的近景表达图　　　　图3-13　电影中的近景表达

（五）特写

特写是表现被摄对象局部细节的画面。特写画面相对于近景画面更进一步接近被摄主体。特写画面内容单一，可以起到放大形象、强化内容、突出细节等作用。特写画面通过描绘被摄主体最有价值的细部，排除一切多余的形象，从而强化了观众对所表现形象的认识。特写画面在准确表现被摄主体的质感、形状、颜色等方面也很重要。与远景画面注重表现"量"相比，特写画面更为注重表现被摄物体的"质"。用特写画面表现场景时，可以把近距离才能看清楚的微小事物展现出来，强迫观众去看，从而更为突出地表现被摄主体的质感。在影视动画特效中，特写镜头是比较常用的。使用特写镜头可以加强画面的冲击力，从而增强影像的刺激感，更容易表现影视特效超现实的一面。如来自电影《这个杀手不太冷》的主人公出场画面，通过一连串的特写镜头揭示人物复杂多样的内心世界（图3-14）。

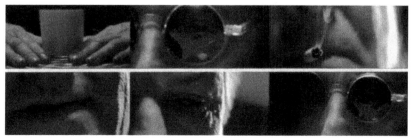

图3-14　特写镜头

第二节　数字影视特效制作与合成的常用软件

目前的数字合成工具由硬件和软件组成。现在较为流行的数字合成软件有 After Effects、Maya 和 Nuke 等，这些软件的功能都非常强大，而且各有擅长的功能，以处理各种不同的合成特技镜头。

一、After Effects 软件介绍

After Effects（缩写 AE）由 Adobe 公司出品，它和 Adobe Premiere 同属视频编辑软件。AE 可以在视频片段上创作许多神奇的效果，例如抠像、局部透明、文字旋转和按路径移动文字等，经过处理的视频片段或图像文件可以重新生成视频文件。

AE 是一款通用的后期软件，也是目前为止使用最广泛的后期合成软件之一，它可以和大多数的 3D 软件进行配合操作。由于 AE 对硬件性能要求并不高，所以它非常适合在制作电视栏目包装时使用。另外，AE 装载有复杂函数，能够为影片、播放影像、多媒体演示和 Web 产生非常复杂而流畅的 2D、3D 效果，可以说是一个能产生复杂、有趣和特殊效果的影像编辑系统。AE 的启动和操作界面如图 3-15 和图 3-16 所示。

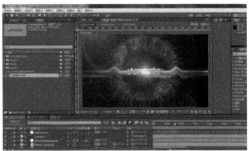

3-15　AE 启动界面　　　　　　　　图 3-16　AE 操作界面

AE 和 Photoshop 一样具有图层的功能，用户可以在无限的层上添加各种效果和动作。可以说 AE 就是视频处理上的 Photoshop，如图 3-17 所示。

图 3-17　AE 图层操作

AE 能和其他 Adobe 系列软件无缝链接，拥有上百种预设效果和动画，能够为电影、视频、DVD、Flash 等作品增添耳目一新的效果。

二、Maya 软件介绍

现在国内影视制作大多使用 Maya 软件。该软件 1998 年进入市场，是一款跨平台且可以在任何操作系统下安装使用的软件，在某些特定方面它比 3ds Max 更具有优势。Maya 软件的自定义性强、变通性强，其结构是节点式的，使用起来更方便，可以将常用工具直接转换为快捷方式使用，并以制作者喜欢的图标命名。Maya 可以制作风雨雷电、爆炸、崩塌、弹坑、烟雾、降雪、洪水和楼房倒塌等动力学场面，其布料、毛发、刚体、柔体方面比 3ds Max 更逼真，计算效率更高。Maya 集成了先进的动画及数字技术，不仅包含一般三维和视觉效果的制作功能，而且还与最先进的建模、数字化布料模拟、毛发渲染及运动匹配技术相结合。其特效由动力学、流体、布料、毛发和特效笔刷等内容构成，下面将逐一进行介绍。

（一）Maya 动力学

动力学（Dynamics）是物理学的一个分支，它描述对象的移动方式，动力学动画应用物理学原理来模拟自然力。制作者指定对象的动作，软件就能制作出该对象的动画。动力学刚体及柔体动画可以让制作者轻松地创建出逼真的运动效果，而这种运动是使用传统的关键帧动画无法实现的。例如可以使用 Maya 动力学制作翻转骰子、旗帜飘动和点燃烟火的效果，如图 3-18 所示。

Maya 的粒子动力学系统相当强大，一方面它允许使用 MEL 输入较少语句来控制粒子的运动，另一方面它可方便地与各种不同的动画工具（如场、关键帧及表达式等）结合使用。Maya 粒子动力学系统令控制大量粒子的交互性作业成为可能，可以用于制作群组动画，如图 3-19 所示。

图 3-18　Maya 粒子制作的烟雾效果

图 3-19　一群蜻蜓的制作效果

（二）Maya 流体

　　流体是一种在力的作用下不断改变形状的物质，制作者可以通过建立一个流体模拟真实的效果，如云、薄雾、风、烟、火、爆炸、熔岩与海洋等效果，流体动力学是 Maya 较为出众的功能，它使用流体解算器模拟运算出所有效果。如图 3-20 所示。

图 3-20　Maya 流体制作的云

（三）Maya 布料

　　N Cloth（布料系统）用于创建真实的布料效果，如图 3-21 所示。N Cloth 可以为任何运动的三维模型创建服装，表现动态效果并模仿布料行为。除了创建衣服动画外，还可以创建其他类型的布料动画，如床单、被褥、织物、旗帜以及各种类型的纺织品。N Cloth 还可以帮助创建能够破裂、撕裂、弯曲、变形的刚性及半刚性物体，此外，还可以制作空气动力学特效的上升模型（如气球、热气球等）。

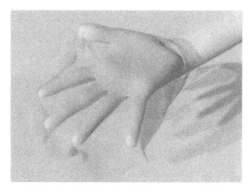

图 3-21　Maya 制作的布料

（四）Maya 毛发

Maya 毛发由两个模块构成：Fur 和 Hair。

Fur（皮毛）是 Maya 2008Unlimited 版的一个组件，在多面的 NURBS 模型及多边形模型中，用户可以用它来创建逼真、有阴影的皮毛和短发，也可以使用它设置皮毛的属性，如颜色、长度、光秃效果、不透明度、起伏、卷曲和方向等，或在局部为皮毛贴图。使用 Paint Effects（特效笔刷）可直接在表面上绘制具有绝大多数属性的皮毛，甚至可以像梳子一样梳理皮毛，也可以为皮毛运动设置关键帧，或在 Maya 中使用动力场来影响 Fur。图 3-22 所示为用 Fur 制作的皮毛效果。

Hair（头发）用于创建一个动态的头发系统，可以模拟显示的发型和头发，如图 3-23 所示。由于 Hair 是一种通用的动态曲线模拟，因此还可以使用这些曲线创建非头发效果。Maya Hair 可以制作自然运动和碰撞的长发、头发在风中被吹干、水下游泳时的头发以及各种发型效果，也可以制作如绳子、铁链、电缆、电线、吊桥、海洋生物等非头发效果。

图 3-22　Maya 制作的皮毛效果

图 3-23　Maya 制作的头发效果

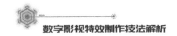

三、Nuke 软件介绍

Nuke 是一款高端影视合成软件，是好莱坞一线特效公司首选的后期合成工具，如 ILM、DD、Weta Digital、Framestore 等公司。Nuke 最初是 Digital Domain 公司研发的内部合成工具，因成功为电影《泰坦尼克号》进行特效合成而获得奥斯卡大奖并风靡全世界。经过十多年的历练，Nuke 不仅成为电影业内公认的高端、高效合成特效软件，更为电影特效制作提供了一个强大的工作平台。目前已经应用制作的电影有《泰坦尼克号》《真实的谎言》《后天》《父辈的旗帜》《澳大利亚》《第九区》《金刚》《变形金刚》《星际旅行》《守望者》《阿凡达》等好莱坞大片以及众多商业广告，其特效效果如图 3-24～图 3-26 所示。

图 3-24 《阿凡达》剧照

图 3-25 《父辈的旗帜》剧照　　　　图 3-26 《泰坦尼克号》剧照

Nuke 是公认的功能最强大的合成软件，它拥有速度快、成本低、可拓展性好、稳定性高等特点。

Nuke 软件的开发前前后后经历了近二十个年头。1994 年，Digital Domain 公司自行开发了专业视觉特效合成软件——Nuke。2003 年，Digital Domain 公司开始对外发售 Nuke4。2007 年 3 月，Digital Domain 公司把 Nuke 卖给了世界插件巨头——The Foundry 公司。

The Foundry 公司成立于 1996 年，是一家位于伦敦的软件开发商，专注于影视方面的视觉特效技术。The Foundry 公司收购 Nuke 后，在短短四年间，将 Nuke 从 4.6 版本升级到 6.2 版本。2008 年 2 月 22 日，The Foundry 公司发布了 Nuke5.0v1 版本，成为 Nuke 发展史上的里程碑。该版本的代码几乎全部重新编写，并重新设计了时尚专业的界面，在保留原有版本专业性的同时，大幅度提高了软件的易用性，使 Nuke 真正达到了雅俗共赏的境界。

2008 年 9 月，The Foundry 公司发布了 Nuke5.1v2 版本，从此 Nuke 全面迈进了 64 位时代。2010 年 1 月 20 日，The Foundry 公司发布了 Nuke6.0v1 版本，其中增加了内置 Key Light 抠像插件、Roto Paint 画笔工具和 3D 跟踪等功能（图 3-27）。

图 3-27　Nuke 操作界面

四、其他软件介绍

（一）Houdini

Houdini 是 Side Effects Software 发布的旗舰产品，其在国外是一款非常惹人注目的强大视觉特效软件，许多电影特效都有它的参与，例如电影《指环王》中甘道夫放的那些"魔法礼花"，"水马"冲垮"戒灵"的场面，还有电影《后天》中的龙卷风以及 a52 公司制作的汽车广告。只要是涉及 D2 公司（Digital Domain）制作的好莱坞一线大片，Houdini 几乎都会参与其中，图 3-28 所示的角色便演绎了 Houdini 的运用效果。

图 3-28　《加勒比海盗》角色

（二）Shake

Shake 原是由 Nothing Real 公司出品的一款强大的合成特效制作软件，后被苹果公司收购。Shake 采用面向流程的操作方式，提供具有专业水准的校色、抠像、跟踪、通道处理等工具。Shake 的操作思路是基于节点架构的，它的开发性很好，可以通过编写脚本来扩展软件功能。

（三）Combustion

2001 年 Discreet 公司就将原来的 PC 合成软件 Paint 和 Effects 进行了整合，推出了完整的 PC 机合成软件 Combustion。Combustion 经过几年的发展增加了很多新的特效，使其自身的功能变得日益强大，Combustion 在操作上沿用了 Discreet 传统的严谨风格。Combustion 后来整合了 Particle Illusion 和 Flex Warp 等比较实用的特效，再加上 Combustion 本身的文字、跟踪、抠像、校色等功能，使 Combustion 成为一款理想实用的后期合成软件。值得一提的是 Combustion 可以使用 90% 的 AE 外挂插件，这使它的性能大大提高，甚至可以将 AE 的内部功能也引进到软件内部来使用。

（四）Cinema 4D

Cinema 4D 是由德国 Maxon Computer 公司开发的三维绘图软件，它以极高的运算速度和强大的渲染插件著称。它参与制作过《毁灭战士》《范海辛》《极地特快》《丛林大反攻》等影片。它包含众多模块：MoGraph 矩阵制图系统、功能强大的毛发模块，高级渲染模块，目前已经有 VRay 版本的渲染器，支持笔触压感和图层的三维纹理绘制模块 Body Paint，强大的动力学模块，Mocca 骨架系统，网络渲染，云雾系统，支持马克笔效果、毛笔效果、素描效果等卡通二维渲染插件以及智能型的 Thinking Particles 粒子系统。

第三节 数字影视特效制作与合成的常用插件

插件是遵循一定规范的应用程序接口编写出来的一种程序，即英文 Plug-in。软件能够直接调用插件程序，而插件安装后就成为软件的一部分，可以处理特定的文件。

AE 软件具备非常良好的兼容扩展性，吸引着世界各地的程序员和软件开发公司为它编写功能各异的插件，以增强它的特效合成制作能力。目前，上千种插件足以令用户们眼花缭乱。插件的使用可极大地提升影视特效合成的制作能力和效率，而且让作品的视觉效果更加精彩和独特。以前在制作上非常复杂的动态效果，现在只需要使用几个插件就能轻松实现。

一、Trap Code

Trap Code 滤镜插件包是 AE 重要的外挂滤镜插件包，可以制作丰富的光特效、粒子效果等。其中 Shine、3D Stroke、Form、Particular、Mir 较为常用。

（一）Shine 滤镜

Shine（扫光）滤镜是使用频率非常高的光特效滤镜，常用来制作文字扫光效果、物体发光效果。该滤镜使用效果如图 3-29 所示。

图 3-29 Shine 滤镜

（二）3D Stroke 滤镜

3D Stroke（3D 描边）滤镜可以将素材图层中的路径转化为线条，可以制作丰富的描边动画效果。该滤镜使用效果如图 3-30 所示。

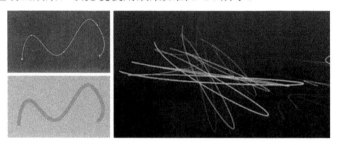

图 3-30　3D Stroke 滤镜

（三）Form 滤镜

Form（形状）滤镜可以生成三维粒子效果，但生成粒子没有生命周期，一直显示在合成中。该滤镜可通过映射图层来产生粒子动画。另外，还可以通过音频分析器提取音乐频率数据驱动粒子动画。该滤镜使用效果如图 3-31 所示。

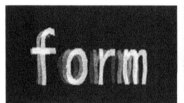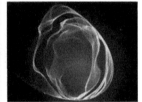

图 3-31　Form 滤镜

（四）Particular 滤镜

Particular（粒子）滤镜功能强大，该滤镜可以模拟真实的烟雾、爆炸、流体、光线等特效，并且可以与三维图层产生真实的物理效果。该滤镜使用效果如图 3-32 所示。

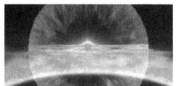

图 3-32　Particular 滤镜

（五）Mir 滤镜

Mir 滤镜可以创建丰富的流体动画效果。该插件有极高的运算速度，对灯光、摄像机都有很好的支持。流体、星空、抽象图案等都可以通过 Mir 来完成。该滤镜使用效果如图 3-33 所示。

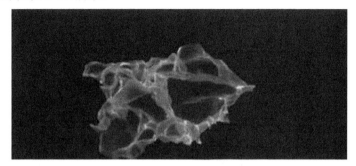

图 3-33　Mir 滤镜

二、Element 3D

Element 3D（图 3-34）这款强大的插件由 Video Copilot 公司出品，它的出现使直接在 AE 这种平面特效软件中创建真实三维物体变为可能，并且可以直接在 AE 中进行渲染，让很多对 C4D、3Ds Max、Maya 等专业三维软件不熟悉的后期设计师仅利用 AE 就可创建出所需的 3D 对象。

另外，相较于传统的 AE 针对 3D 动画合成中出现的各种烦琐的操作步骤，如摄像机同步、光影匹配等，Element 3D 可以让特效师直接在 AE 里完成这些操作，而不需要考虑摄像机和光影迁移的问题。配合 AE 内置的 Camera Tracker（摄像机追踪）功能，可以完成各类复杂的 3D 后期合成特效。Element 3D 效果范例：炫酷文字特效——AK3D 字体（图 3-35）。

图 3-34　Element 3D 插件

图 3-35　AK3D 字体

三、灯光工厂

灯光工厂一直是好莱坞影片制作人较为喜欢使用的一款插件（图3-36），也是一款从电影制作到视频设计都适用的镜头光晕效果插件。它主要用于制作光源与光晕等特效，其效果相当于 Photoshop 内置的 Lens Flare 滤镜的加强版。该滤镜提供了多光源与光晕效果以及实时预览功能，方便使用者观看效果。灯光工厂内置 25 种灯光效果，可互相搭配，并且可将搭配好的效果储存起来，下次直接读入使用，无须重新调配，十分方便。其中预设的耀斑效果增加了镜头炫光的效果，让片子的场景变得更加迷人。如著名影片《星球大战》中就频现此插件的应用（图3-37）。

图 3-36　灯光工厂插件效果　　　图 3-37　灯光工厂插件在《星球大战》中的运用

四、Magic Bullet Looks

Magic Bullet Looks 是由最大的 AE 插件制造商 RedGiant 公司出品的调色插件，可以供 AE、PR、Vegas 等软件使用。这款插件界面直观，操作流程以实际拍摄的工作流程为准，操作十分简单（图3-38）。

插件分为五大部分：被拍摄物、各种滤色镜插片、模拟镜头、模拟胶片曝光的控制与感光、模拟胶片后期冲印工程的调整。各种效果的添加都可以套用这五个步骤精确操作，展现出所有传统胶片电影的特性。而且该插件还有一个巨大的预设库，里面有专业设计的各种用色，可以最大限度地模拟电影胶片色调，从而使用较低的成本来完成高端电影用色。该插件操作界面非常灵活实用，从工具色面板中可以看出，该插件不仅仅是一个调色的插件，还能通过丰富的小工具来对画面的镜头感、虚实感、光感等效果进行处理，可极大地满足特效师对画面处理的需求。Magic Bullet Looks 使用效果如图3-39所示。

图 3-38　Magic Bullet Looks 参数设置界面

图 3-39　Magic Bullet Looks 使用效果

五、RE:Flex Morph

RE:Flex Morph 是一款制作变形和扭曲效果的插件，主要使用内置绘图工具来表现弯曲变形的效果。它直接通过 AE 的"几何遮罩"来完成，绘制需要扭曲变形的遮罩区域，将多个图像的指定区域进行变形转换。

如图 3-40，是通过 RE:Flex Morph 插件将一个中年阳光男子制作为沧桑大叔的效果图。

图 3-40　RE:Flex Morph 使用效果

第四节　数字影视特效制作与合成的工作流程

一、数字影视特效制作与合成的整体工作流程

数字影视特效制作是一个非常庞大的工作，需要各部门协同工作，对于一个特效制作团队来说，通常需要如下几个步骤完成工作（图 3-41）。

图 3-41　数字影视特效制作与合成的整体工作流程

（1）了解剧本。了解剧本首先从分析剧本做起，工作人员要通读剧本，从中寻找需要特效制作的文字内容加以整理，并和导演沟通，达成共识，定下准确的特效剧情内容。

（2）场景、角色风格化设定。对于大制作的影片来说，使用三维软件将特效内容用动画预演的方式制作出来是一项很重要的工作，因为时间的估算和镜头的构图对后续的特效制作起着很重要的参考作用，所以在确定场景、角色风格时必须要十分严谨，因为这决定着后续工作的成败。

（3）特效分镜头。根据分析预演镜头确定需要前期拍摄配合的具体内容，如绿布背景的搭建方式、演员走位和相机运动的具体调动等，这样可以提供剧组执行拍摄的具体方案，即特效分镜头。

（4）确定拍摄方案。通过与剧组和导演、摄像沟通，确定拍摄方案。

（5）现场拍摄。从后期制作的角度出发指导拍摄具体内容，尽可能将前期准备的工作付诸实际，前期拍摄考虑得越周全，后期制作会越方便。

（6）特效素材整理。按场进行素材整理，把三维 CG 素材和实拍的素材都集中到按影片粗剪的镜头文件夹里准备处理素材。

（7）后期制作。将前期拍摄采集的素材转到后期来具体制作，包括三维及抠像等相关的制作。

（8）内部评审。通过内部评审检查镜头，提出修改意见。

（9）输出、完成验收。输出最终镜头，完成验收。

二、AE 后期制作的基本工作流程

我们在制作一个后期特效时，无论是为视频添加字幕特效、调整色彩、抠像，还是制作较为复杂的图层动画添加粒子特性，都需要遵循后期合成的基本制作流程，如图 3-42 所示。

图 3-42　AE 的基本工作流程

了解后期软件的工作流程是制作后期合成项目的基础，特别是制作大型的后期合作项目。梳理制作流程、合理地安排项目内容及分工是如期顺利完成项目的关键。

（一）素材导入

在项目窗口中导入素材，可以一次导入单个或者多个文件。将素材导入项目窗口的常用方法有三种。

1. 通过菜单窗口导入

执行"文件"→"导入"→"文件"，出现导入文件对话框。选择需要导入的单个或多个素材，单击"导入"按钮将素材导入到项目窗口，如图 3-43 所示。

图 3-43　通过菜单窗口导入素材

2. 通过项目窗口导入

在项目窗口空白处双击鼠标左键，弹出导入文件对话框，选择需要导入的单个或多个素材。

3. 通过快捷键导入

在软件界面按"Ctrl+I"快捷键，弹出导入文件对话框。

（二）创建合成项目

一个工程项目可以创建若干个合成，单独的合成可以作为素材多次在其他合成中使用。合成可以看作是一个工程项目中的一个元素，配合其他合成共同完成一个合成项目。

创建合成项目的方法有以下四种：

（1）在菜单栏中执行"合成"→"新建合成"命令。

（2）在项目窗口空白处单击鼠标右键，选择"新建合成"。

（3）在项目窗口点击合成图标。

（4）快捷键"Ctrl+N"创建新的合成。

（三）添加特效

为合成添加特效是 AE 软件的核心功能，软件自带的常用滤镜达 100 多种，可以制作常用的视觉特效。自带特效在菜单栏"效果"菜单中，如图 3-44 所示。

常见的特效添加，主要有以下几种常用途径：

（1）在时间轴窗口选定要添加特效的图层，点选菜单栏"效果"，弹出效果窗口，选择相应的特效，完成特效的添加，如图 3-45 所示。

图 3-44　特效添加

图 3-45　特效添加的途径（1）

（2）在时间轴窗口选定要添加特效的图层，单击鼠标右键，在弹出的菜单中选择"效果"，弹出效果命令子菜单，完成特效的添加，如图 3-46 所示。

（3）从"效果和预设"窗口为图层添加特效，在"效果和预设"窗口选定特效，用鼠标拖拽特效到"时间轴"窗口相应图层，完成特效的添加，如图 3-47 所示。

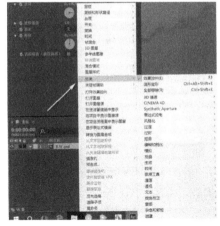

图 3-46　特效添加的途径（2）

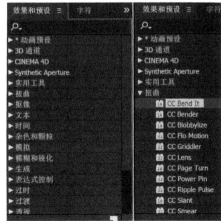

图 3-47　特效添加的途径（3）

（四）渲染输出合成

当完成合成项目的渲染后，将进入合成渲染及输出流程。受创建合成的分辨率、复杂程度、输出质量等因素影响，软件渲染输出的时间不等，可能是几分钟也可能是几个小时。所以，在创建合成项目时就要考虑好合成项目的应用领域及用途，不要一味只创建高分辨率的合成项目，增加输出渲染时间。另外，出于稳定性和渲染输出时间的考虑，在创建合成时可以以分镜的形式分段创建渲染输出，以避免在渲染过程中出现软件崩溃等情况。

渲染合成通过项目窗口选择合成对象，执行"合成"→"预渲染"命令，或者通过执行"合成"→"添加到渲染队列"命令，弹出渲染队列窗口。渲染操作可一次添加一个或者多个合成到渲染队列，如图 3-48 所示。

图 3-48　渲染输出合成

（五）嵌套合成渲染输出

嵌套是 AE 软件中一个新的概念，是将多个合成片段拼接成一个完整连续的合成进行渲染输出，能统一视频的大小，减少渲染操作步骤。

嵌套多个合成的方法通常是在项目窗口中选定将要嵌套的合成，鼠标拖拽到"合成"按钮，如图 3-49 所示，弹出"基于所选项新建合成"对话框。选择"单个合成""序列图层"选项，点击"确定"，即开始嵌套合成渲染输出，如图 3-50 所示。

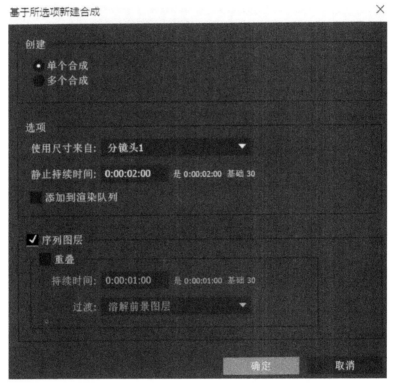

图 3-49　嵌套多个合成的步骤图（1）

图 3-50　嵌套多个合成的步骤图（2）

第四章　影视图像的润饰与常用特效制作

　　影视图像的润饰与特效制作是指对现实生活中不可能完成的镜头，以及难以完成或需花费大量资金拍摄的镜头，用计算机或工作站对其进行数字化处理，从而达到预期的视觉效果。在运用影视特效的过程中，能够结合人们的想象力，创造出各种形象，最大限度地满足人们的视觉享受。在好莱坞，特效电影的生产占据很大的比重，高票房的电影中特效制作的成分通常都很大，特效制作已经成为电影制作的常用手段。

　　本章共分为六个部分，分别从影视图像的变形与数字修补、影视图像的色彩校正与调色、影视抠像技术、影视文字特效制作、影视发光特效制作以及其他影视特效制作等几个方面进行深入剖析。

第一节　影视图像的变形与数字修补

一、影视图像的变形

　　影视图像的变形指用几何变形，改变影像的形状、大小和方向，实现运动，并在时间轴上加以动画，跟踪画面，让跟踪后的元素变形以适合的大小、方向跟随画面运动。

　　（一）二维变形

　　之所以称之为"二维"，因为它只能改变影像的 X 轴（水平方向）和 Y 轴（垂

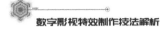

直方向），在一定的操作下也可以造成摇晃镜头的感觉。如图 4-1，展现了从左至右平移的镜头。

图 4-1　二维变形

无论是平移还是旋转或是缩放影像，任何合成元素都有自己的轴点，它是运动的中心点。在现实世界里，我们旋转一件物体，不需要轴点，只要抓住它旋转就可以了。但是在合成中，我们必须告诉电脑，旋转的中心点在哪里，不同的轴点会导致影像效果发生不同的旋转变化。所以我们必须清楚需要什么样的效果，这样才能决定安放轴点的位置。轴点安置在画面中心和轴点放在画面的一角旋转的结果完全不一样。如果把轴点放到画面外很远的地方，那么旋转就会离开画框。如图 4-2，不同的旋转轴点改变了矩形的运动轨迹。

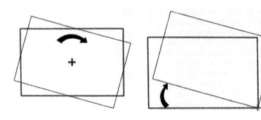

图 4-2　轴点不同，运动轨迹亦不同

在合成软件中，放大与缩小可以在 X 轴和 Y 轴上同时实现，也可以分别实现，在缩放的过程中，轴点也可以控制放大与缩小的中心。如图 4-3，轴点的位置也控制了缩放的方向。

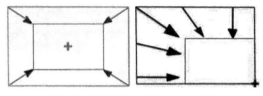

图 4-3　轴点不同，缩放方向亦不同

如果影像需要变形可以用到"Skew"（倾斜）工具，它可以使影像的一条边相对于另一边反向运动，这个操作不用轴点，因为两条边移动的时候会以中心点为默认的轴点。倾斜工具对于遮罩或 Alpha 通道的变形尤为有用，我们可以利

用倾斜工具制作地面上的阴影。如图 4-4，复制原影像后利用 Skew 工具对影像
进行变形，改变其填充色和透明度制造逼真的阴影。

图 4-4　Skew 工具的应用

另外有一种更自由地控制几何变形的工具 ——"Corner pinning"。它可以
任意地改变影像的形状，特别是镜头中添加的元素的透视需要稍作改动的时候，
Corner pinning 可以为影像的四个角定位，也可以随时间的变化做动画跟踪。如
图 4-5，Corner pinning 可以自由改变影像四个角的位置。

图 4-5　Corner pinning 对影像四个角的改变

要记住的是，Corner pinning 并非真正改变了影像的透视，而是将原始影像从另一个角度来观看，也就是说改变了观看的视角。如图4-6，我们可以看到一个从远处拍摄的广角镜头，成像有显著的透视感，建筑物顶部逐渐变细；我们用 Corner pinning 拉升影像顶部的两个角，让后面的建筑顶部变大，影像的透视感就变弱了，我们似乎是从更远处以更长的焦距拍摄的这个镜头。

（a）原始影像　　　　　　　　　　　（b）拉伸后影像

图4-6　Corner pinning 的应用

Corner pinning 还有一个重要功能，即在透视的表面添加元素。例如在马路上行驶的汽车，我们如果要在车上添加一个元素，就利用跟踪工具跟踪到镜头的移动轨迹，为跟随的元素添加 Corner pinning，这样附加的元素与影像就有相同的透视感了。如图4-7，展示了文字跟随汽车运动的一帧，其中就利用了 Corner pinning 为文字做了变形处理，以适合汽车的透视感。

图4-7　Corner pinning 使用效果

（二）三维变形

影像的第三维在合成软件中也可以变化，我们可以将这样的变化想象成一张图片放在纸板上，纸板在三维空间里旋转和变化，并且以新的透视渲染。传统的三维轴线分别是：X 轴从左到右；Y 轴从下到上；Z 轴垂直于屏幕。进入画面，如果一幅图像在 X 轴上变化（Translate），那么就是左右变化；如果在 Y 轴上变化，影像将上下变化；如果在 Z 轴上变化，影像会在大小上变化，而以 Z 轴旋转的时候，就像二维空间的旋转。当你需要某些元素在屏幕上"飞"起来的时候，就可以用到三维变形。如图 4-8，展示了影像在三维空间中的旋转变化。

图 4-8　影像在三维空间中的旋转变化

（三）扭曲变形

上述变形都是整个影像的变化，属于全局变形。例如缩放影像、Corner pinning 都是全局的调整，Corner（边角）只能调节影像的几个角，移动这几个角整个影像都会跟着动。现在本书介绍几种不同的能够实现局部变形的工具。这些工具不同于之前介绍的简单的线性变形，它们可以只改变影像的局部，其余部分丝毫不受影响。

在数字软件实现神奇的变形效果中，Warp 和 Morphs 都是很好的工具。

网格（Warp）变形是最早出现而且是最简单的变形方法，其基本理念是创造一个个网格，网格由二维的参考线覆盖在图像上。网格的交叉点如同可以控制转动的轴，移动这些点可以改变轴线上的曲线，从而实现图像的变形。既然是网格，也就意味着你不能随意控制任何你要的点，所以 Warp 不能精确控制变形，它只能控制大概的变形趋势。网格变形虽然使用起来方便，但是要真正控制它并不容易，图像上的交叉轴点往往不是你要修正的精确的点，你很难将图像校正到你想要的完美形状，这种效果有点像软件里 Lens Distortions（镜头变形）、Ripple（波纹）等的效果。

如图 4-9，左图利用 Mesh Warp 可以控制影像中的交叉点；右图利用 Bezier Warp 可以以贝塞尔曲线来控制调整区域。

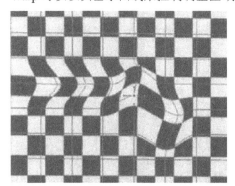

图 4-9　局部变形

又如图 4-10，左右图中的女孩要进行变脸，首先将两个女孩的主要特征区域用 Mask 工具勾勒出来，形成 Source Mask（原始形）和 Destination Mask（目标形），然后再利用 Reshape 工具对这两个 Mask 实行变形，完成变脸。

图 4-10　女孩变脸设计

Morphs 是很好的变体工具，我们可以用这些工具将元素再成型，制造魔幻的变脸效果。要实现变体，首先要准备两个用于变形的路径，一个是变形前影像中要变形的部位 A，另一个是变形后的样子 B，利用 Morphs 就可以实现从 A 到 B 的变形。只是在变形的时候，变形的部分必须从背景中隔离开，这样背景才不会跟着一起变，所以很多变体效果都是在绿幕前拍摄的。如图 4-11 展示了影片《童梦奇缘》中刘德华饰演的男主角在片头从老年变为儿童的过程，整个变化过程很流畅，产生了奇幻般的梦境感。

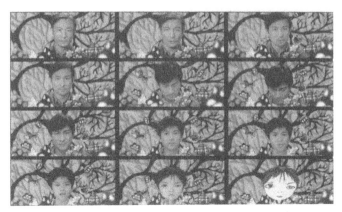

图 4-11 《童梦奇缘》

如果要将制作的变脸效果应用在从人脸到其他物体的变形上，如人脸变形为兔脸，那么我们就需要在人脸和兔脸上寻找相似的特征。要是两者没有显著的特征点，随意在两者间建立变形的话往往会失败。只有努力寻找具有高相似性的点建立关联，变脸才可能成功。

在现实生活中，我们几乎不能控制 A 到 B 的变形，但在数字世界里，我们能在两个没什么关联的物体之间创造神奇的变形，当然，这需要付出很多工作，这里给大家几点建议：

（1）不要同时把元素的所有部位一次性变形。变体的时候总是有好几个部分要变形，所以可以把变形分出几个部分。大的变形先执行，小一点的细节后执行，小的部分变形速度也快。

（2）如果变形中途出现了不理想的奇怪形状，可以通过缩放、旋转或重新定位两个变形元素中的一个，尽可能对齐两个元素的特征点，最小化两个元素之间变形的量。

（3）有时需要增加或去除元素上的某些特征，防止变形中因为差异明显而使两个元素失去关联。例如，在人脸和汽车的变形中，我们可以增加汽车的标志，让人的鼻子和车的标志发生关联而变形，因为我们无法把鼻子从人脸上去除。

（4）当没有关联的元素变形时可能看上去"融化了"，例如让人脸和篮球做变形，眼珠和篮球的白色皮革纹做关联时，眼珠似乎融化掉了，这时可以让这些不自然的元素和很小的点关联起来，让它们变形的时候收缩或膨胀，这样总比融化要好一些。

（5）不要让 A 到 B 的过渡状态一下子完成，试试以不同的速度用不同的时间过渡 A 到 B 的变形，这个过渡过程是很有趣的，如果过渡到 B 时影像有撕裂的感觉，那么就在 A 里停留得长一点，让 B 变形得快一点。

（6）变形的过程不是简单的线性的，我们可以在变形和过渡的过程中执行变速（Ease in 和 Ease out），有时变形速度改变了，整个片子看上去会更有趣。

二、影视图像的数字修补

所谓影视图像的数字修补，是指修补穿帮的镜头。画面修正的主要工作包括弥补实拍时的不足、去掉画面中不该出现的东西、修补前后镜头不衔接的地方、修补划伤的画面等。

（一）数字擦除

数字擦除就是要抹掉一些不该出现的东西，最常见的是擦威亚（英语为 Wire Removal，就是去掉绳子的意思）。

当镜头中的"英雄"要演绎惊险复杂的特技动作时，总是需要绑上一堆钢丝或绳索，我们在合成时就需要将这些绳索去除。不过，我们的镜头不是静止的，所以要一帧一帧选择新的帧和目标帧进行克隆，才能完成运动的镜头。

图 4-12　数字擦除

碰到复杂的背景只有一帧一帧修复，但是遇到绿幕拍摄的镜头，修复起来就简单得多，只要在相同帧内克隆靠近绳索的区域，而不必对齐要复制的区域。如图 4-12，影片中的主角身上绑了安全绳，我们需要去除安全绳，让背景透出来。

（二）数字修补

影视拍摄中会出现一些失误，即在具体拍摄中，与造型有关的各部门因工作上的某些不慎而使作品露出破绽，如因拍摄范围不当或注意不够而露出了布景假象，或拍进了与作品内容无关的对象、与时代氛围不相吻合的外景，或拍摄中出现抖动及漏光的情况，等等，这种现象在影视创作中常用的行话就叫"穿帮"。穿帮很难完全避免，如果在拍摄过程中出现穿帮，传统的补救办法就是重拍，但是这会造成大量的人力、物力资源以及时间上的无谓浪费。在数字技术的背景下，通过各类数字绘图工具，完全可以对那些因穿帮而露出破绽的地方进行局部的调整修复，达到修正缺陷、补救失误的目的。

数字修复工作还常用于弥补画面的技术缺陷，例如胶片的划痕、污点或损伤等，有时候也会出于效果增强的需要，把陈旧杂乱的灯塔修葺一新。

1. 去污点

电影摄影机是机械装置，所以即使在拍摄时保持在清洁的环境里，影像底片还是有可能蒙上灰尘。黑色的污点留在底片上，曝光后会转换为白色的点，当胶片进一步转换为视频，最后视频中也将夹杂着这些尘埃。

事实上每部电影的视觉特效镜头都需要去污点，有很多自动工具可以完成这一任务。但是自动的去污工具可能会去除本来不该去除的部分。不过有一些半自动的工具会提示你是否要去除部分污点，直到你允许后执行。如果你的镜头中有很多地方要去污，利用半自动工具不失为一种经济的方式。但是如果你想精确地控制画面，用手动去污的方式可以达到更完美的效果。最基础的手动方式的操作理念和Photoshop中用克隆笔刷（Clone）修图一样，笔刷复制局部干净的匹配画面，粘贴到有灰尘的区域并将其替代掉。如图4-13，在影片拍摄的天空部分有两个污点，利用克隆笔刷复制干净的天空，可替代有污点的天空。

图4-13　去污点修补

我们在修复画面的时候，会发现画面上的亮部永远不是均衡的，暗部到亮部总是往一个方向倾斜。如果在有灰尘的部位平行方向复制替换，就会发现一块亮色突兀地出现在暗部，这样的修补明显失败了。所以我们要分析光线的方向，找到亮度相同的复制区域进行替换，保证源区域和目标区域的亮度相同，这样的修补才没有破绽。当然，有时候碰到复杂的画面要找到相同亮度与色相的画面并不容易。

2. 去除刮痕

以图 4-14 为例，刮痕集中在背景墙面上，且镜头位置是固定的，人物在运动中，我们可以采用以下几种不同的方式修复。

图 4-14　墙面刮痕的修补

（1）扩大边缘：墙上的刮痕是最容易修复的，因为墙上除了一些颗粒外没有其他细节，我们可以利用软件中的"CC Simple Wire Remove"工具，这是专门用来去除刮痕的，延长刮痕边缘没有刮痕的区域，填充掉刮痕。如果填充完的区域有水平的印迹，可以用噪点工具重新为这个区域添加匹配的噪点。利用 CC Simple Wire Remove 确定要去除刮痕的起始点和终点，水平填充周围的印迹。

（2）利用修复的空镜头合成：因为摄影机是固定的，如果镜头中有静止的物体，这样的刮痕修复起来就相对容易，只要将修复的静止物体作为单独的一层，覆盖在画面上面，就可以和整个镜头合成了。

（三）数字复制

数字复制是数字合成中最常见的用法之一。成千上万人的大场面是好莱坞大片的"招牌菜"之一，如果动用大量的演员，群众演员本身就是摄制组的难题，增加经费开支不说，庞大的群众演员队伍如何调度、能否听从指挥，都是问题。对于历史题材的影片，还存在着服装、化妆等一系列困难，数字复制技术便在此背景下应运而生。

复制人群的基本方式有程序复制和直接合成两种。

程序复制是指利用程序在目标区域取样，复制到相应区域，复制的像素在每一帧都有对应的取样复制点，所以也是动态的，合成的效果也比较自然（图 4-15）。

图 4-15　程序复制

直接合成是指，在拍摄的时候，雇佣上百人的队伍。假设拍摄露天看台上欢呼雀跃的人群，便请他们站在或者坐在不同台阶的看台上欢呼，用同一机位的摄影机拍摄不同位置的人群，在合成时就可以将这些人群合为一体。如在电影《阿甘正传》阿拉巴马大学的橄榄球赛中，即运用数字复制技术将单层看台体育场扩展成三层看台，将几十人的群众演员复制为成千上万狂热的观众，还用人群组成了"加油"的巨幅字样（图 4-16）。

图 4-16　直接合成

合成时，要将这些镜头合成无缝的统一镜头经常会面对以下问题：拍摄时间跨越很大的话，在合成时光线处理就会出现问题，摄影机镜头如果有镜头畸变的话，合成的对象也会发生扭曲。这些问题最好在拍摄前都能考虑到，否则将成为合成师额外的负担。

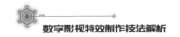
第二节　影视图像的色彩校正与调色

一、影视图像的色彩校正

随着数字技术的发展，影视后期制作中开始广泛应用数字调色技术，极大地拓展了传统影视的配光，使数字调色逐渐成为后期制作流程中不可或缺的一环。数字调色技术前所未有地拓展了创作者的表现空间和表现能力，色彩再创作已经成为众多导演的必然选择。后期数字色彩校正不但减少了对传统技术（诸如色片控制、色温控制）的依赖，更赋予了导演宽广的创作空间。通过色彩校正，可保持相同场景之内的和谐性以及不同场景之间的连续性，甚至制造出时空错觉，让一切源于现实又超越现实。

以擅长用色彩讲故事的导演张艺谋为例，他于1988年执导的《红高粱》全片在拍摄时都加了红滤光镜，使得画面全部偏红，通过满眼的红高粱，以及人物对生命赤裸裸的欲求，把艺术和生命的张力爆发出来（图4-17）。他于1999年执导的《我的父亲母亲》中，则采用黑白与彩色两种画面形成强烈的反差，黑白画面表现悲伤凄凉的现实，彩色画面衬托美好的爱情回忆（图4-18）。在2002年执导的《英雄》中，张艺谋开始应用数字校色技术，展现出唯美的画面效果，电影中先后出现了红、蓝、白、绿、黑五种色彩基调，每种画面色调都有不同的寓意，对推动故事发展、刻画人物性格都起到了很好的作用，极大地拓展了影片色彩的表现力。如图4-19所示，白、绿、蓝三色运用于人物的服装，与大背景形成巨大的反差，造成强烈的视觉冲突。

图4-17　电影《红高粱》色彩运用

　(a) 黑白画面　　　　　　　　　　(b) 彩色画面

图 4-18　电影《我的父亲母亲》色彩运用

图 4-19　电影《英雄》色彩运用

（一）色彩校正的思路

　　色彩校正是对同一部影视片中的色调进行客观技术与主观艺术层面上的色彩校准。客观技术层面的色彩校正主要是依据影视色彩还原的相应技术指标参数，对前期拍摄中的瑕疵（如偏色、曝光过度等）进行弥补，使前期拍摄的画面得到最大程度的色彩还原，以期达到影视画面播出的指标要求。主观艺术层面则主要是基于影片整体基调、风格等因素对色彩的调整，全片影调色彩的二次创作能给观众带来全新的视觉感受，这也是色彩校正的魅力所在。

　　色彩校正大致分为如下两个步骤：整体色彩校正阶段，即色彩整体还原阶段；

局部色彩校正阶段，即细节调整、分色调整阶段。

对于数字调色师来说，色彩校正并不是简单地进行色彩还原和修复，而要对整部电影影像负责，通过画面色彩处理，形成影调风格，从而创造出影片整体的视觉效果和气氛，给观众带来视觉上的刺激和心灵上的震撼。

1. 整体色彩校正

整体色彩校正也叫"一级色彩校正"，就是对一段视频进行调节，比如提高画面的亮度、对比度，增加画面色彩的饱和度，调节色度，使画面整体偏向某一色调，等等。如图 4-20 所示，经过整体的色彩校正之后，整体色彩的饱和度有所提高，色度和色调均有所改变。

图 4-20 色彩校正前后对比（1）

拍摄现场实际光线的色调因场所和时间的不同，差异非常大，人类的眼睛很快就能适应这种变化，但是摄像机不及人眼"智能化"，只能通过颜色校正，使画面更接近自然，细节更为突出。如图 4-21，经过校正后的画面更加具有色彩层次感，凸显出天空中的云彩。

图 4-21 色彩校正前后对比（2）

2. 局部色彩校正

局部色彩校正也叫"二级色彩校正"，是在整体色彩校正基础上进行的扩展，选择特定区域，通过对局部画面的色度范围、饱和度范围以及亮度范围的精细控制，进行色彩校正，达到理想的影视画面效果。如电影《辛德勒的名单》中通过对画面中的特定区域调整明暗和色彩，完成了犹太小女孩穿着红衣走在黑白效果的大街上的镜头，从而起到震撼人心的视觉效果（图 4-22）。

图 4-22 局部色彩校正

既然二级校色是对画面某一部分进行校色，那么定义哪些部分需要调整、哪些部分需要保留，就是二次校色的关键。在后期合成软件中，也可以利用明度、饱和度等来进行细节的处理，其具体方法参考本章"影视图像的调色"部分内容。

（二）色彩校正的技巧

对于不同景别的镜头，色彩校正的侧重点也不同。一般来说，远景重气氛，以整体环境氛围烘托出场景所要表现的气氛，突出主题所要表现的情景；近景重层次，观众对近景会更为留意，要特别注意主体元素的色彩层次、质感、影调等。

要根据影视节目的主题确定画面的主色调是蓝、黄还是绿。各色彩之间有着微妙的平衡关系，当人为提高某些色彩的纯度时，如果其他中间色都跟不上，看起来就比较假。这时，将所有中间色调调整为一种色调，会有助于凸显主题鲜明的颜色，基本上应偏向于主色调的补色。

如果画面太亮而且灰，饱和度较低，黑色的部分会有很明显的空缺，如画面中应该黑的地方不黑（如眼睛、衣服、背景），该亮的地方不亮（如脸部、白云、地面）时，使用伽马值调节就比较合适。

二、影视图像的调色

（一）调色的功能

早期电影中，色彩在影片中仅仅发挥着再现客观事物的写实功能，后来通过不断地艺术实践，导演们逐渐开始意识到色彩的造型功能和表意功能。不少导演以夸张和造假的手法来强化某种色彩，产生出独具匠心的效果。色彩在这些导演的手中成为一种总体象征和表意的因素，从而起到烘托环境、表现主题和塑造人物形象的作用。

Nuke 的调色功能强大，在片头制作中的运用非常广泛，尤其近两年各种模仿或逼近胶片效果的调色手法不断涌现，胶片效果的色彩饱和度和颗粒细腻度使它在影视界内经久不衰。但是，价格十几万甚至上百万元的胶转磁调色系统（又称"达芬奇"）又让许多业内人士望而却步。用视频素材去模仿胶片效果，既可满足视觉效果的要求，又能节约不少制作费用，因此就出现了各种利用软件功能的调色技巧和制作手法。

（二）调色的方法

1. 调色前的素材分析

在进行具体调色之前，应先分析素材的明暗关系、冷暖对比、主题色调以及色彩饱和度。通过这些分析不但可以把握影片调色的整体技术难度，还可以了解到导演心理以及风格的表现形式等内容。

通过分析，首先要明确调色的基本意图。主要内容包括：

（1）基本的色调。例如，鲜明的纯色调、清新的中明调、高雅的明灰调、浑厚的暗灰调以及深沉的暗色调，如图 4-23 所示，左图为色调调整前，给人以明亮的感觉，右图为调整后，给人以深层的感觉，烘托着影片沉重的主题。

图 4-23　调色前后对比（1）

（2）素材本身的不足。比如颜色是否需要校正，明暗是否有层次，色相是否正确，冷暖是否到位，色温是否控制得很好，饱和度是否适中等，如图 4-24 所示，调色前画面过于灰暗，不利于画面信息的传达，经过色调的调整，饱和度有所增加，色温也相应改变，实现了整体画面明暗的变化。

图 4-24　调色前后对比（2）

（3）调色区域的选择。哪些区域需要压暗？哪些区域需要调亮？哪些区域饱和度要高？哪些区域饱和度要低？如图 4-25 所示，增加了人物面部的亮度，削弱了四周背景的亮度，以此强化了镜头的对比，凸显了人物面部的表情，增强了镜头的视觉表现力。

图 4-25　调色前后对比（3）

2. 明度调整

在电影拍摄时，如果出现素材画面太亮且灰，缺少应有的明暗色阶变化，白色、黑色之间有很明显的生硬区域，或者因天气或其他因素影响现场拍摄画面质量等情况时，就需要对这些画面的明度进行调整。通过明度调整不仅可以改善画面中人像暗部、眼睛等部分不够黑，高光画面不够亮，暗部过于平板，呈现不出暗部的层次等问题，还能让画面颜色更容易区分，有层次、有前后关系，为色相与饱和度的调整提供帮助，如图 4-26 所示。

图 4-26　明度调整前后对比

具体而言，画面的明度分布分为阴影部（又叫暗部、底部、基准、隐部或低照部）、中间部（即伽玛，又叫灰部、中间调）、高亮部（有时指增益、亮白、亮度）三个部分。通过调整黑色的部分，让图像应该黑的地方"压"下去，应该亮的"提"起来。也就是说，先把素描关系拉出来。但过度的调整也会造成颜色的挤压，即暗部变得全黑，没有细节。调整灰阶最好的方法是调整增益和高亮部，拉开黑白灰的差距，减少细节的损失，如图4-27所示。

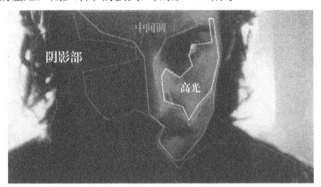

图4-27　影像明度分布

3. 主题色相调整

当拍摄的素材受光线和环境的影响，与拍摄主题产生偏色，或者三维制作的元素与实拍画面的色彩有偏差时，都需要对偏色的画面进行色相调整。色相调整还可以用于影片中主观强调色彩倾向的目的。

主题色调整色调很常见，它并不局限于单独只使用某一种颜色，可以组合应用多种颜色。在同一个场景中，胶片的感光与各种色彩之间有着微妙的平衡关系。当人为地提高视频素材中某些色彩的纯度时，其他中间色可能会跟不上，画面看起来就有些假。这时，将所有中间色调向一种颜色，会有助于凸显主题鲜明的颜色，画面基调的色相应该偏主题色的补色为佳，如图4-28所示。

图4-28　色相调整前后对比

人眼对色彩的敏感比对其他元素都要强烈，所以调色的重点就在于色彩的搭配。可根据影片的主题内容决定基调偏色调整的颜色——蓝、黄或绿。

4. 饱和度调整

当明度和色相调整好后，画面可能会出现色彩纯度过高的溢出现象；或者画

面色彩发灰，看起来毫无生气，这时就要相应地调整画面的饱和度。

饱和度的调整包括提高饱和度和降低饱和度。调整饱和度时，如果一味地增加饱和度或色彩纯度会使画面出现噪波，而噪波的增加会让画面失去通透感，画面颜色不纯正，图像清晰度会下降。

第三节　影视抠像技术

在制作视频特效的领域中，经常需要人工合成不同的场景，或把影片与计算机动画合为一体。要使不同对象和媒体相互结合，若是静态图片我们可以在 Photoshop 里用各种工具去掉背景，制作 Alpha 通道；但若是动态影像，我们不可能将每一帧都移置到 Photoshop 里去掉背景，制作 Alpha 通道，所以当我们遇到动态影像时，就必须预先计划，在合适的条件下才能将去掉背景做好。因而，抠像的技巧十分重要。

大部分的抠像原理都是利用了背景色和前景色之间的差异性，过去比较常见的背景为蓝幕，人的身上只要不穿蓝色衣服就可以去掉背景。而现在比较常用绿幕，因为前景中出现蓝色物体的机会比较大，出现鲜绿色物体的机会比较小，当然若是要合成森林绿树的话还是得用蓝幕。

Premiere Pro 和 AE 都能提供许多抠像的指令，Premiere Pro 的抠像功能比较简单好用，不过如果遇到背景比较复杂的情况，可能就要用 AE 进行处理。一般而言，会根据实际影像特性和难易度进行选择，拍摄状况越完美，所使用的方法越简单；反之，若拍摄状况受限较大，就要使用较多、较复杂的工具进行处理。

在 AE 中，实现键控的工具都在特技效果中，AE 内置的特效包括色键（Color Key）、亮键（Luma Key）、颜色差值键（Color Difference Key）、线性色键（Liner Color Key）、差值遮罩（Difference Matte）、颜色范围键控（Color Range）、抽取键控（Extract）。

一、"颜色范围"+"高级溢出抑制器"抠像

"效果""键控""颜色范围"是用 Lab、YUV 或 RGB 的色域空间，去判

别特定的色彩范围，主要是调整"模糊"参数，具体操作方法如下：

（1）新建合成"颜色范围抠像"，设置合成的大小为 400×300 像素，"像素长宽比"为"方形像素"，"持续时间"为 5s。

（2）将所要操作的"素材 1.jpg"和"素材 2.avi"导入，拖放到"时间轴"窗口中，"素材 2.avi"在上，"素材 1.jpg"在下。

（3）选中"素材 2.avi"图层，选择"效果"→"键控"→"颜色范围"命令。

（4）在"效果空间"面板中选用最上面的主取色吸管，吸取合成窗口中的绿色背景，"素材 2.avi"图层一部分的绿色背景立刻去除了，露出"素材 1.jpg"图层，如图 4-29 所示。

（5）换用带有"+"的吸管再选择合成窗口中的尚未抠像的地方，就能扩大抠像的色彩范围，使它再进一步抠像，如图 4-30 所示。

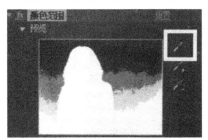

图 4-29　主取色吸管

图 4-30　"+"吸管

（6）再重复选择"+"的吸管，继续选择合成窗口中的尚未抠像的地方（或灰色），使它再进一步抠像，重复此步骤，一直到完全看不到绿色背景为止。

（7）调整"模糊"参数值，值越大则边缘越柔和，残留色越少，但值过大会导致主体透明化。

（8）利用各组最大值 / 最小值进行微调，将最小值调小一些可使边缘绿色缩减，如图 4-31 所示。

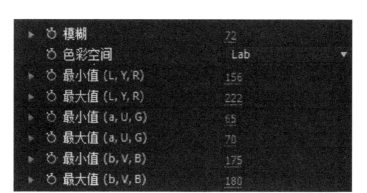

图 4-31　设置"最大值／最小值"

（9）选中"素材 2.avi"图层，选择"效果"→"键控"→"高级溢出抑制器"命令，使得反射到人像的绿光更少。

二、Color Key（色彩键）抠像

使用 Color Key（色彩键）进行抠像只能产生透明和不透明效果，所以它只适合抠除背景颜色变化不大、前景完全不透明以及边缘比较精确的素材。

（1）新建一个合成，命名为"色彩键"，Width（宽）为 720px，Height（高）为 576px，Pixel Aspect Ratio 为 D1/DV PAL（1.09），Duration（持续时间）为 5s，Frame Rate（帧速率）为 25，如图 4-32 所示。

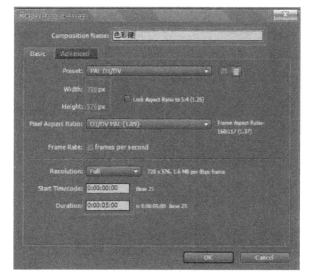

图 4-32　新建"色彩键"合成

（2）导入素材"fgg.002"，并把素材放入时间轴面板中，调整图片 Scale（大小）的值为 61，如图 4-33 所示。

图 4-33　导入素材"fgg.002"

（3）为素材图层添加一个 Keying/Color Key（色彩键），然后使用"键出颜色"选项后面的"吸管工具"吸取画面中的蓝色，接着调整 Color Tolerance（颜色容差）的值为 104，Edge Feather（边缘羽化）的值为 1.9，可以看到蓝色部分已变透明，如图 4-34 所示。

图 4-34　添加色彩键

（4）导入"素材4"，放在底层做背景，调整 Scale（大小）的值为41，如图 4-35 所示。

图 4-35　导入"素材4"

（5）调整"素材002"图层 Scale（大小）的值为72，Position（位置）为"422.4，288"，如图 4-36 所示。

最终合成效果如图 4-37 所示。

图 4-36　设置背景图属性

图 4-37　最终合成效果图

三、Luma Key（亮度键）抠像

Luma Key（亮度键）抠像主要用来抠除画面中指定的亮度区域。

（1）新建一个合成，命名为"亮度键"，Width（宽）为 720px，Height（高）为 576px，Pixel Aspect Ratio 为 D1/DV PAL1.09，Duration（持续时间）为 5s，

Frame Rate（帧速率）为 25，如图 4-38 所示。

（2）导入"素材 5"和"素材 6"。把"素材 6"先放入"时间轴"面板中，然后对它添加 Keying/Luma Key（亮度键）特效，设置 Key Type（键类型）属性为 Key Out Brighter（键出亮部），如图 4-39 所示。

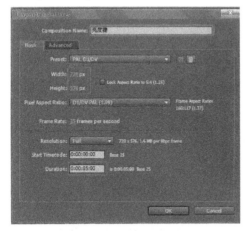

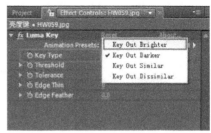

图 4-38　新建"亮度建"合成　　　　　　　图 4-39　导入素材

然后设置 Threshold（阈值）为 238，Edge Feather（边缘羽化）为 2.3，如图 4-40 所示。

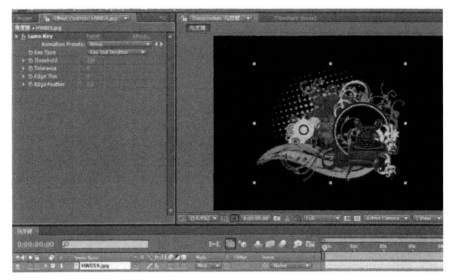

图 4-40　参数设置

（3）把"素材 5"拖入"时间轴"面板中，放在底层做背景，调它的 Scale（大小）的值为 77，如图 4-41 所示。

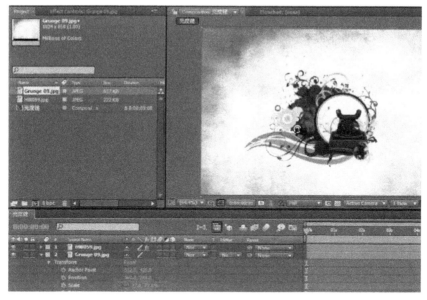

图 4-41 背景层设置

（4）选择"素材 6"，修改它的 Position（位置）为"490.6，376.5"，如图 4-42 所示。

（5）预览合成效果，如图 4-43 所示。

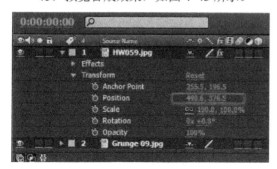

图 4-42 设置 HW059 层位置属性

图 4-43 最终合成效果图

四、Ultimatte 插件抠像

Ultimatte 多用作视频卡打包的实时抠像工具，能为其提供简便快捷的操作和较好的效果，本例使用 Ultimatte 插件抠除背景。

（1）新建合成。导入"素材 7"素材，并把素材拖放到"新建合成"区域，生成新合成，如图 4-44 所示。

图 4-44　新建合成

（2）为素材添加 Ultimatte 插件。为素材"素材 7"添加 Effect（效果）
Ultimatte 特效，如图 4-45 所示。

图 4-45　添加 Ultimatte 插件

（3）去除素材背景。在 View（视图）下选择 Composite（合成），并用吸
管吸取背景色，如图 4-46 所示。

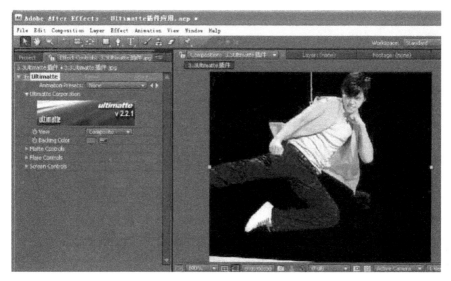

图 4-46　背景去除

设置 Matte Controls 参数，将 Black Gloss 2 调整为 29，Green Density 调整为 75，Clearup Balance 调整为 42，BG Level Balance 调整为 100，Shadow Noise 调整为 59，最终效果如图 4-47 所示。

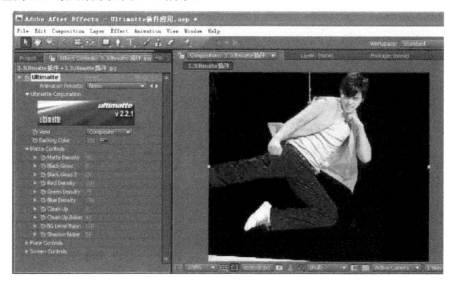

图 4-47　最终效果图

第四节 影视文字特效制作

一、光斑文字制作

光斑文字的制作涉及偏移、比例、透明度、模糊等动画效果，并能为动画添加镜头光斑效果。其最终的效果如图 4-48 所示，制作步骤如下。

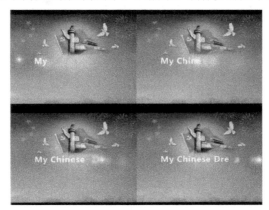

图 4-48 光斑文字效果图

（1）打开 AE 软件，新建一个名为"合成 1"的合成。时间长度：5s；制式：PAL 值；大小：720px×576px（图 4-49）。

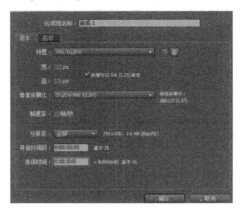

图 4-49 光斑文字制作（1）

（2）在工具栏上方选择"文字"工具，在合成窗口中输入"My Chinese Dream"。选择"文字"，在文字窗口中，设置文字的属性。字体：微软雅黑；文字大小：50；颜色：白色。调整文字的位置（图4-50）。

图4-50　光斑文字制作（2）

（3）选择文本图层，打开下边的文字属性。单击动画后边的"添加展卷"，为文本添加"缩放"属性（图4-51）。

（4）单击"动画1"后边的"添加展卷"栏，为"动画1"添加"透明度""模糊"属性（图4-52）。

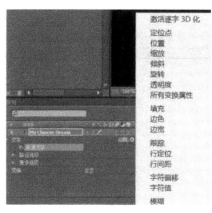

图4-51　光斑文字制作（3）　　　　图4-52　光斑文字制作（4）

（5）打开"文字"属性下方的"更多选项"。在其中找到"定位点编组"，将设置改为"行"，设置"编组对齐"为"1%，-55%"（图4-53）。

（6）单击"动画1"，调整"范围选择器"中"高级"属性中"形状"为"上倾斜"（图4-54）。

图 4-53 光斑文字制作（5）

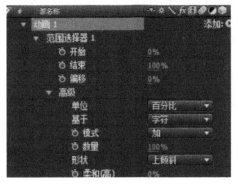

图 4-54 光斑文字制作（6）

（7）分别修改"动画 1"下方的"比例""透明度""模糊"的参数。"比例"为"550%"，"透明度"为"0%"，"模糊"为"240"（图 4-55）。

图 4-55 光斑文字制作（7）

（8）在"动画1"的"范围选择器1"中找到"偏移"。在第0帧处设置偏移值为"0%"，在第3秒处设置偏移值为"0%"。预览动画效果（图4-56）。

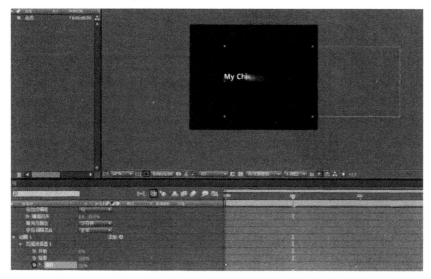

图4-56 光斑文字制作（8）

（9）用鼠标双击项目窗口的灰色区域，导入一张背景图片，将它拖入文本图层的下方，按住快捷键"S"，调整其大小（图4-57）。

（10）按住快捷键"Ctrl+Y"，新建一个"黑色固态层"，设置其名字为"黑色固态层1"（图4-58）。

图4-57 光斑文字制作（9）

图4-58 光斑文字制作（10）

（11）选中"黑色固态层1"，鼠标右键单击"效果"中的Knoll Light Factory（光工厂插件），选择其中的Light Factory EZ（镜头光斑）（图4-59）。

（12）将"黑色固态层1"的叠加模式改为"屏幕"（图4-60）。

图 4-59　光斑文字制作（11）

图 4-60　光斑文字制作（12）

（13）设置镜头光斑的"亮度"为127，"比例"为0.85，"颜色"的RGB值为"55，30，244"，"光斑类型"为105mm，"光源大小"为42。设置第0帧处的光源位置为"-24，320"，并记录其关键帧信息。

（14）设置第3秒处的光源位置为"817，320"，并记录其关键帧信息。

（15）播放查看动画效果。

（16）单击菜单栏中的"图像合成"面板中的"制作影片"。

（17）在弹出的"渲染队列"中设置"输出组件"的格式为"F4V（H.264）"，并设置输出路径及名称，单击"渲染"。

二、肌理文字制作

肌理文字的制作涉及色彩校正、图层模式中亮度蒙版的调节、透视中的斜面 Alpha 和阴影等动画效果。其最终的效果如图 4-61 所示，制作步骤如下。

图 4-61 肌理文字效果图

（1）打开 AE 软件，新建一个名为"合成 1"的合成，时间长度：5s；制式：PAL 值；大小：720px×576px（图 4-62）。

（2）用鼠标双击项目窗口的灰色区域，导入肌理图片和背景图片，将这两个文件拖入时间轴。按住快捷键"S"，调整其大小（图 4-63）。

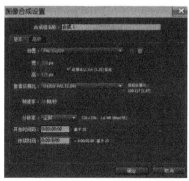

图 4-62 肌理文字制作（1）

图 4-63 肌理文字制作（2）

（3）在工具栏上方选择文字工具，在合成窗口中输入"Dream"。选择文字，在文字窗口中，设置文字的属性。字体：Poplar Std；字体样式：Black；文字大小：240；字符跟踪：130；水平比例：117%；颜色的 RGB 值：25，180，13。调整文字的位置（图 4-64）。

（4）调整图层的位置，将肌理图层放置在文字 Dream 图层上方（图 4-65）。

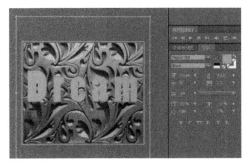

图 4-64　肌理文字制作（3）

图 4-65　肌理文字制作（4）

（5）选择肌理图层，单击鼠标右键为其添加效果中的色彩校正，为其添加"色相位 / 饱和度"（图 4-66）。

（6）将"色相位 / 饱和度"中的"主饱和度"设置为"0"（图 4-67）。

图 4-66　肌理文字制作（5）

图 4-67　肌理文字制作（6）

（7）选择文字 Dream 图层，将图层模式后的"无轨道蒙版"设置为"亮度蒙版'肌理图片 5.jpg'"。最终效果是采用半透明的纹理的亮度来显示文字效果（图 4-68）。

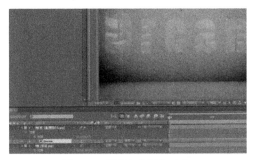

图 4-68　肌理文字制作（7）

（8）选择肌理图层，单击鼠标右键为其添加效果中的"色彩校正"，为其添加"曲线"，调整曲线（图 4-69）。

（9）选择文字图层，按住快捷键"Ctrl+D"，复制一份文字图层"Dream 复制"。将图层模式后的"亮度蒙版"设置为"无轨道蒙版"，并调整图层关系（图 4-70）。

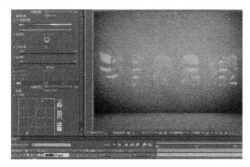

图 4-69 肌理文字制作（8）　　　　　图 4-70 肌理文字制作（9）

（10）选择"Dream 复制"图层，将文字的颜色 RGB 值修改为"46，25，5"（图 4-71）。

图 4-71 肌理文字制作（10）

（11）用"选择"工具移动贴图的位置以达到合适的贴图效果，同时，选中"肌理图片"和"Dream 复制"图层，按住快捷键"Ctrl+Shift+C"，将两个图层合并为"预合成 1"，将"预合成 1"的名称修改为"肌理文字特效"（图 4-72）。

（12）选择"肌理文字特效"，单击鼠标右键为其添加"效果"→"透视"，并选择其中的"斜面 Alpha"（图 4-73）。

（13）设置合成"肌理文字特效"的"斜面 Alpha"的参数。"边缘厚度"为 2.7，"照明角度"为 -34°，"照明强度"为 1.00（图 4-74）。

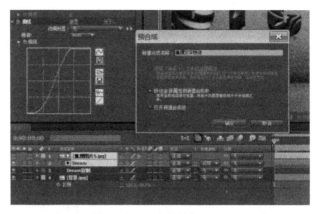

图 4-72　肌理文字制作（11）

图 4-73　肌理文字制作（12）

图 4-74　肌理文字制作（13）

（14）选择"Dream 复制"图层，单击鼠标右键为其添加"效果"→"透视"，并选择其中的"阴影"，设置其中的参数"透明度"为48%，"方向"为109°，"距离"为23，"柔和"为28（图4-75）。

图 4-75　肌理文字制作（14）

（15）选择"Dream 复制"图层，单击鼠标右键为其添加"效果"→"透视"，并选择其中的"斜面 Alpha"，设置其中的参数。"边缘厚度"为 4.3，"照明角度"为 -23°，"照明色"的 RGB 值为"252，250，66"，"照明强度"为 0.92（图4-76）。

图 4-76　肌理文字制作（15）

三、爆炸文字制作

爆炸文字的制作涉及"效果"特效中的"噪波"特效、固态层的"渐变效果"调整、"碎片"特效、"风格化"中的"辉光"特效。最终的效果如图 4-77 所示。

图 4-77　爆炸文字效果图

（1）打开 AE 软件，新建一个名为"爆炸形状"的合成。时间长度：5s；制式：PAL 值；大小：720px×576px（图 4-78）。

（2）按住快捷键"Ctrl+Y"，新建一个"黑色固态层"，设置固态层的名称为"黑色固态层 1"（图 4-79）。

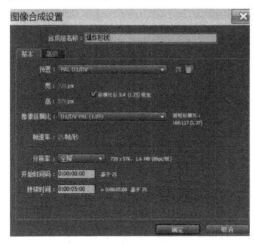

图 4-78　爆炸文字制作（1）

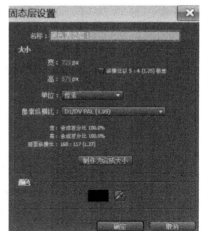

图 4-79　爆炸文字制作（2）

（3）选择"黑色固态层"，为其添加"效果"，选择"噪波与颗粒"中的"噪波"项（图 4-80）。

（4）调整"噪波"的参数，"噪波数量"为 100%，取消"使用彩色噪波"和"限制值"的勾选（图 4-81）。

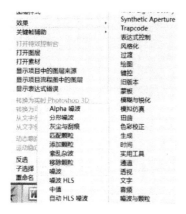

图 4-80　爆炸文字制作（3）　　　　　　　图 4-81　爆炸文字制作（4）

（5）新建一个名为"渐变效果"的合成。时间长度：5s；制式：PAL 值；大小：720px×576px（图 4-82）。

（6）按住快捷键"Ctrl+Y"，在"渐变效果"合成中新建一个"黑色固态层"。设置固态层的名称为"黑色固态层 2"，选择该固态层并单击鼠标右键，为其添加"效果"→"渐变"→"生成"（图 4-83）。

图 4-82　爆炸文字制作（5）　　　　　　　图 4-83　爆炸文字制作（6）

（7）调整"渐变开始"和"渐变结束"的参数值，分别为"-249，700"，"678，674"。

（8）新建一个名为"爆炸效果"的合成。设置时间长度：5s；制式：PAL 值；大小：720px×576px（图 4-84）。

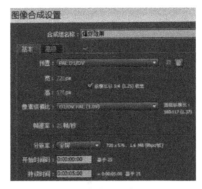

图 4-84　爆炸文字制作（7）

（9）按住快捷键"Ctrl+Y"，新建一个文字层（图 4-85）。

（10）在"爆炸效果"的合成窗口输入"Special Effects"，设置文字的属性。"大小"为 80，"字体"为 Poplar Std，"字体颜色"的 RGB 值为"255，145，2"（图4-86）。

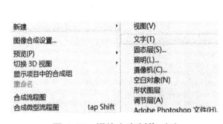

图 4-85　爆炸文字制作（8）

图 4-86　爆炸文字制作（9）

（11）将"爆炸形状"和"渐变效果"两个合成，拖入"爆炸效果"合成的时间轴，放置在文字层的下方（图 4-87）。

（12）选择文字层为其添加"效果"，选择"模拟仿真"中的"碎片"特效（图 4-88）。

图 4-87　爆炸文字制作（10）

图 4-88　爆炸文字制作（11）

（13）关闭"爆炸形状"和"渐变效果"两个图层的显示。

（14）将"线框图＋聚焦"预览模式改为"渲染"；设置"外形"中的"图案"为"自定义"；设置"自定义碎片映射"为"爆炸形状"；设置"倾斜"中的"倾斜图层"为"渐变效果"。

（15）设置"碎片界限值"的关键帧动画，在第0帧处设置"碎片界限值"为0%，记录关键帧信息；在第3秒处设置"碎片界限值"为80%，设置"物理"中的"重力"为5.6；按空格键预览文字的爆炸效果（图4-89）。

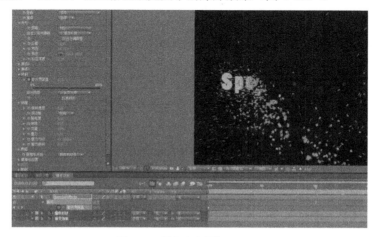

图4-89 爆炸文字制作（12）

（16）选择文字层为其添加"效果"，选择"风格化"中的"辉光"特效，使文字产生光晕的效果（图4-90）。

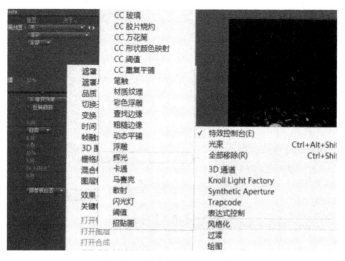

图4-90 爆炸文字制作（13）

（17）设置"辉光阈值"为60%，"辉光半径"为53，"辉光强度"为1.6，"辉光色"为A和B两种颜色，"色彩循环"为"锯齿波A>B"，颜色A的RGB值为"231，5，5"；颜色B的RGB值为"253，239，21"（图4-91）。

图4-91　爆炸文字制作（14）

（18）在项目窗口的灰色区域双击鼠标右键，导入素材图片"爆炸背景"，将其拖拽到"爆炸效果"合成，作为制作好的爆炸效果的背景。按住快捷键"S"，调整"爆炸背景"图片的大小，以匹配合成窗口（图4-92）。

图4-92　爆炸文字制作（15）

（19）预览动画效果。

（20）单击菜单栏中的"图像合成"面板中的"制作影片"。

（21）在弹出的"渲染队列"中设置"输出组件"的格式为"F4V（H.264）"，并设置输出路径及名称，单击"渲染"。

第五节　影视发光特效制作

发光特效简称光效，光效是利用色块的补色关系和变化不同的色彩与纹样产生出各种不同的光，如镜头光、闪光、扫光、飞光、射光、点光、流动光等。光效也是一种视觉艺术，电视栏目之所以带给观众幻觉、吸引观众眼球，常常是绚烂光效的功劳。今天，只要打开电视，就能看见各种栏目、宣传广告上闪亮的光效。光效的应用面很广，现代影视中几乎离不开光效的参与，因此，深入了解光效的形成原理，掌握光效的制作技巧，才能在实际工作中游刃有余。

一、手绘光线制作

手绘光线制作主要利用"画笔"工具绘制出七彩线条，用"效果"中的"扭曲"命令编辑，并通过调整线条的贝兹曲线制作光线的变形；然后添加"辉光"特效，制作出光晕效果，完成动画。其最终的动画效果如图 4-93 所示。

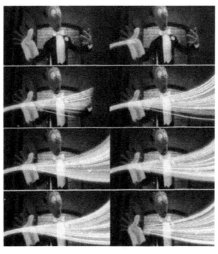

图 4-93　手绘光线效果图

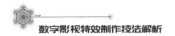

（1）打开 AE 软件，在"图像合成"中单击"新建合成组"，新建合成。

（2）新建一个名为"手绘光线"的合成，大小：720px×576px；预置：PALD1/DV；时间长度：5s（图 4-94）。

（3）鼠标右键单击时间轴下方的灰色区域，选择"新建"→"固态层"。

（4）新建一个"黑色固态层 1"，参数保持默认状态（图 4-95）。

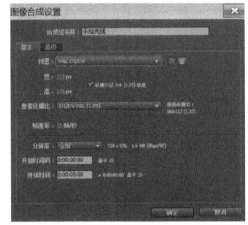

图 4-94　手绘光线制作（1）　　　　　图 4-95　手绘光线制作（2）

（5）选择"黑色固态层 1"。

（6）双击"黑色固态层 1"，进入"黑色固态层 1"的图层面板，选择"画笔"工具在"黑色固态层 1"中绘制（图 4-96）。

（7）在"绘图"面板中设置参数，模式：正常或叠加；通道：RGBA；长度：恒定（图 4-97）。

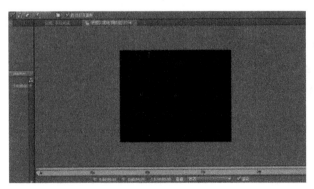

图 4-96　手绘光线制作（3）　　　　　图 4-97　手绘光线制作（4）

（8）选择"画笔"工具在面板中进行绘制，注意要灵活改变"画笔"面板中的"直径""角度""圆角度""锐度""颜色""流量""硬度""柔角""倾斜度"等参数（图4-98）。

（9）绘制出如图4-99所示的七彩短线。

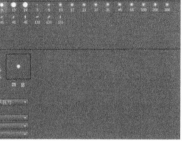

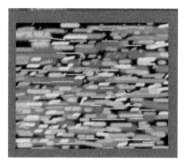

图4-98　手绘光线制作（5）　　　　图4-99　手绘光线制作（6）

（10）关闭"黑色固态层1"的图层面板，按住快捷键"S"，打开固态层的比例属性，将线朝 X 轴方向拉长，参数为"3000，100%"（图4-100）。

（11）制作位置动画，按住快捷键"P"，出现位置属性，在第0帧修改参数为"-10700，288"，并记录关键帧信息（图4-101）。

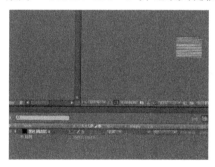

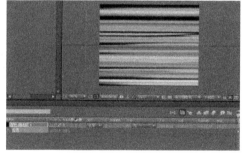

图4-100　手绘光线制作（7）　　　　图4-101　手绘光线制作（8）

（12）在第3秒位置修改参数为"12000，288"，并记录关键帧信息。查看动画效果。

（13）在项目面板的灰色区域单击鼠标右键，导入图片（魔术师）素材。

（14）选择"魔术师"图片，将其拖拽到下方"新建合成"按钮，会建立一个和图片名称相同的合成，将其名称更改为"光线效果"。

（15）将"手绘光线"合成拖拽进"光线效果"合成，并放置在"魔术师"图片的上方（图4-102）。

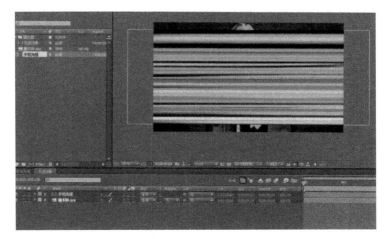

图 4-102　手绘光线制作（9）

（16）将"手绘光线"的图层模式由"正常"改为"叠加"（图 4-103）。

（17）选择"手绘光线"图层，点击鼠标右键，选择"效果"→"Distort（扭曲）"→"Bezier Wrap（贝兹曲线）"。

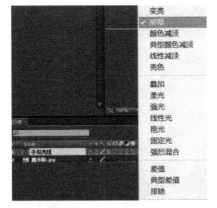

图 4-103　手绘光线制作（10）

（18）调整贝兹曲线控制点，制作简单的平面扭曲，将角度调整圆滑，尽量减少锯齿的出现，可以将"品质"设为 10。

（19）选择"手绘光线"图层，单击鼠标右键，添加"风格化"→"辉光"。

（20）调整参数。发光阈值：50%；辉光半径：40；辉光强度：1（图4-104）。

图4-104　手绘光线制作（11）

（21）按住快捷键"Ctrl+D"复制"手绘光线"图层，调整上方的手绘光线图层的"不透明度"为23%。

（22）查看动画效果。

（23）单击菜单栏中的"图像合成"面板中的"制作影片"。

（24）在弹出的"渲染队列"中设置"输出组件"的格式为"F4V（H.264）"，并设置输出路径及名称，单击"渲染"。

二、流光效果制作

流光效果首先要用分形噪波特效制作线条效果，并通过调整线条的贝兹曲线制作出曲线效果，然后添加"3D Stroke"插件和辉光特效，制作出流光效果，完成动画。其最终的动画效果如图4-105所示，制作步骤如下。

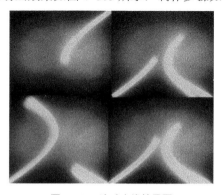

图4-105　流动光线效果图

（1）打开 AE 软件，新建一个名为"流动光线"的合成，时间长度：5s；制式：PAL 值；大小：720px×576px。

（2）导入所需要的图片素材，将"渐变背景"图片文件拖入时间轴中。

（3）调整"渐变背景"图片的比例，匹配合成窗口大小。

（4）按住快捷键"Ctrl+Y"，新建一个"黑色固态层"，将其名称修改为"分形噪波"。

（5）选择"分形噪波"固态层，单击鼠标右键为其添加"效果"→"噪波与颗粒"→"分形噪波"。

（6）调整"分形噪波"的参数。分形类型：基本；噪波类型：柔和线性；对比度：206；溢出：HDR 效果使用；打开"变换"，取消"统一比例"的勾选；缩放宽度：20，缩放高度：6000；在第 0 帧到第 3 秒处设置"演变"的关键帧动画，第 0 帧"演变"值为 0，单击关键帧按钮，记录关键帧信息；第 3 秒处"演变"值为 10，记录关键帧信息（图 4-106）。

（7）按住快捷键"Ctrl+Y"，新建一个"黑色固态层"，取名"黑色固态层 2"。

（8）选择"黑色固态层 2"，将其图层位置调整至"分形噪波"的下方，并将"轨道蒙版①"设置为"亮度蒙版'分形噪波'"（图 4-107）。

图 4-106　流动光线制作（1）　　　图 4-107　流动光线制作（2）

（9）选择图层"分形噪波""黑色固态层 2"，按住快捷键"Ctrl+Shift+C"，将其转化成合成，并命名为"合成 1"。

（10）选择"合成 1"，将其横向的比例设置为 25%，选择该图层，单击鼠标右键为其添加"效果"→"生产"→"填充"。颜色设置为 R：34；G：166；B：199。

（11）选择"合成 1"图层，为其添加特效："菜单栏"→"效果"→"扭曲"→"贝塞尔弯曲"，调节其控制点（图 4-108）。

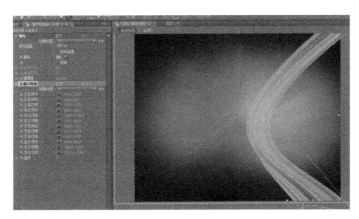

图 4-108 流动光线制作（3）

（12）按住快捷键"Ctrl+Y"，新建一个"黑色固态层"，命名为"3D Stroke"。

（13）选择固态层"3D Stroke"，为其添加特效："菜单栏"→"效果"→"Trap Code"→"3D Stroke"；使用"钢笔"工具，绘制一条路径，调节曲度。

（14）选择固态层"3D Stroke"，调节其参数。颜色：白色；厚度：70.8；羽化：100。在第 0 帧到第 3 秒处设置"偏移"的关键帧动画，第 0 帧"偏移"值为 -100，单击关键帧按钮，记录关键帧信息；第 3 秒处"偏移"值为 100，记录关键帧信息（图 4-109）。

图 4-109 流动光线制作（4）

（15）选择"合成 1"，并将其"轨道蒙版"设置为"Alpha 蒙版 '3D

Stroke'"。

（16）选择图层"3D Stroke""合成1"，按住快捷键"Ctrl+Shift+C"，将其转化成合成，并命名为"合成2"。

（17）选择"合成2"，为其添加"辉光"效果，单击鼠标右键："效果"→"风格化"→"辉光"。

（18）设置"辉光"的属性。辉光阈值：60%；辉光半径：32；辉光强度：1.1。

（19）选择"合成2"图层，按住快捷键"Ctrl+D"，复制一个"图层2副本"，在"图层2副本"中找到"旋转"，设置其旋转角度为180°，并将其时间轴开始时间延后1秒。

（20）选择"合成2"和"图层2副本"，按住快捷键"Ctrl+Shift+C"，将其转化成合成，并命名为"合成3"。

（21）选择"合成3"，按住快捷键"Ctrl+D"，复制一个"图层3副本"，为其添加特效："菜单栏"→"效果"→"模糊与锐化"→"快速模糊"（图4-110）。

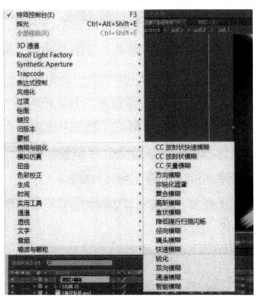

图4-110　流动光线制作（5）

（22）设置"快速模糊"的参数。模糊量：106；模糊方向：水平和垂直。

（23）查看动画效果。

（24）鼠标右键单击菜单栏中"图像合成"面板中的"制作影片"。

（25）在弹出的"渲染队列"中设置"输出组件"的格式为"F4V（H.264）"，并设置输出路径及名称，单击"渲染"。

第六节　其他影视特效制作

一、噪波特效

噪波看上去似乎极其杂乱和不规则，就像水洒在地上留下的痕迹。但是，在影视动画场景的设计与制作中，却经常需要运用这些不规则的噪波来模拟淅沥的雨滴、纷飞的雪花、漂浮的云彩、闪光的露珠、缭绕的晨雾、四射的光芒等变化万千的自然景象（图4-111）。用噪波特效完成的这些自然景象在影视场景里，无论作为特写还是背景，对深化影视动画主题、丰富意境、渲染气氛都是非常重要的。

图4-111　利用噪波特效制作的烟雾动画

二、粒子特效

自然界中存在着很多个体独立但整体相似的运动物体，如云雾、水火、雪花、雨点等，这种相互间既有区别、又有整体上相似及制约关系的群体物质，被称为粒子。运用粒子特效可以模拟出许多丰富多彩的自然现象，如纷飞的雪花、倾盆的大雨、缭绕的烟雾、群飞的大雁、悬浮的颗粒、飘零的落叶等。这些由粒子特效模拟的自然现象，在电视广告、形象宣传、频道栏目中频频登场，受到众多观众的追捧（图4-112）。

图 4-112　运用粒子特效制作的水滴动画

不少后期软件中都内置了粒子系统，如 AE 就内置了 Particle Playground 粒子特效系统，不少公司还开发了大量的粒子系统插件。

Trapcode Particular 是一个基于网格的三维粒子系统插件，对于运动图像是非常有用的，可以产生烟、火、闪光等自然效果，也可以产生高科技风格的图形效果。

Particular 有多达 38 种动画效果的预设置系统，可以根据需要调整参数，如粒子的大小、速率和运动快门角度等，并保存自己建立的特效效果。

第五章　影视综合特效与 3D 图层应用

　　影视特效的主要功能就是把一切不可能的场景转化为可能，将一些在现实中难以实现拍摄的镜头通过后期特效的运用呈现在观众眼前，因此这就要求设计师必须要充分掌握影视综合特效的使用和 3D 图层的应用。

　　本章共分为四节，分别论述了摄像机运动匹配与跟踪技术、表达式的运用、仿真模拟技术以及 3D 图层的应用。

第一节　摄像机运动匹配与跟踪技术

　　影视摄影中有两种运动：一种是被摄体的运动，另一种是摄影机自身的运动。这两种运动的结合，可以在很大程度上帮助完成影片的叙事、风格的建立和人物的塑造。现代影视拍摄过程中，"场面调度"和"机位调度"成为导演手中的利器，通过"演员动作"与"摄影机运动"变化组合的尝试，电影制作者创造出了许多新颖的手法。影片《拯救大兵瑞恩》中，摄影师把摄影机绑在减振器上拍摄，来模拟战场的惨烈和混乱；影片《罗拉快跑》直接将摄影机运动作为强化影片叙事、突出影片风格的主要手段，影片中既有紧张激烈的动作，又有摄影机运动带来的丰富变换的视角，两者的完美结合凸显了影片的"运动"（图 5-1）。

图 5-1　《罗拉快跑》

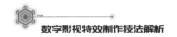

对于一些变化丰富而迅速的影片段落，以往常规的摄影机运动拍摄方法显得有些力不从心，只能通过多机位、多角度拍摄以及平行剪辑等手法来弥补拍摄的不足。

随着现代科学技术的发展，新的手段和技术不断被应用到摄影的运动控制这一领域里。在前期拍摄阶段，出现了运动控制系统（Motion Control），很好地在电影摄影中融入了机械技术，能帮助摄影师完成高精度、多反复的场面拍摄。后期制作阶段出现了针对被摄体的运动跟踪技术和针对摄影机的运动轨迹反求技术。前期和后期的这几种技术结合运用，使得数字特效合成技术中的运动匹配和跟踪功能趋于完善（图5-2）。

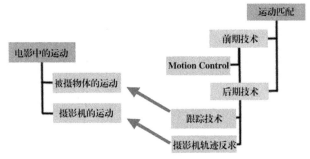

图 5-2　摄像机运动匹配与跟踪技术

一、运动控制系统

运动控制系统起源于1977年的电影《星球大战》，由于当时数字技术还处于起步阶段，片中的飞船大量采用缩微模型，导演卢卡斯运用动作控制技术对摄影机、道具进行精确地控制，完成了许多壮观的星球大战场面，引发了一场视觉效果革命。

运动控制系统实际上是一种由计算机控制的摄影机运动装置，就像一个机器人的大手臂。它通过计算机及其相关程序，精确地控制安装在机械臂上的摄影机的运动，可以做上下、左右、俯仰六个自由度的运动，机位也可以变化。它结合了移动轨、摇臂、升降机、变焦等多种运动功能，实现运动镜头的严格匹配，记录并重复摄影机复杂的运动轨迹，使得多次摄影时的摄影机运动始终保持一致。

运动控制系统还可以在控制摄影机运动的同时，由软件生成摄影机的运动参数，控制道具的运动。早期模型特技的主要缺陷是不能重复动作，但这对于后期合成是必需的，有了运动控制系统后，这个问题就迎刃而解了。如果要拍摄飞行中的飞机模型，在运动控制系统出现之前，需要用逐格拍摄方式，每拍一个画面摄影机都要停下来，调整模型飞机的方向和移动的距离后，再拍摄下一幅，工作效率低下。而运动控制系统的从动装置可以预先生成摄影机的运动参数，控制飞机模型特技台的俯仰、移动、转动等各种动作，再加上运动控制系统本身对摄影机运动的控制，复杂的运动就可以不用停机，一次拍摄完成。

图 5-3　电影《真实的谎言》

詹姆斯·卡梅隆 1995 年拍摄的《真实的谎言》中，恐怖分子阿齐兹绑架了特工的女儿，施瓦辛格扮演的特工驾驶着鹞式战斗机前去营救。为拍摄这场戏，剧组用玻璃纤维制作了一个 47 英尺长的鹞式战斗机的实体模型，并把它放到实际拍摄场地——迈阿密市中心的一座摩天大楼上。由运动控制系统控制的鹞式战斗机完成了大部分镜头的拍摄，这些动作都被记录下来，并能够精确地重复，以便后期合成时应用（图 5-3）。

（一）运动控制系统的工作流程

运动控制系统主动对画面进行运动匹配，数字技术和机械技术共同参与运动控制，属于制作流程的前期。它的基本工作流程是：

（1）确定摄影机运动过程中的关键点。

（2）把关键点上摄影机运动位置、摇臂伸缩或升降状态、摄影机转动角度，以及镜头焦距变化等参数记录在计算机中。

（3）多次重复拍摄时，运动控制系统控制摄影机严格按照设定参数运动。

（4）摄影机的运动信息还可以控制软件系统输出，用此数据去控制三维软件中的虚拟摄影机的运动，为实拍场景和虚拟场景的合成提供运动匹配信息。由于运动控制系统运动信息是数字化的，可以按比例缩放，这样，被合成的实拍景物就既可以是实体也可以是缩微模型。

影片《泰坦尼克号》中被导演詹姆斯·卡梅隆称为"史诗性一刻"的场景"我心飞翔"也是利用运动控制系统技术完成的（图 5-4）。这一场景中的最后一个镜头，用运动控制系统拍摄泰坦尼克号的实物模型，男女主角在绿屏前表演，运动方式与客轮模型一致，并用运动控制系统拍摄下来。然后，用三维图形制作出烟囱中冒出的烟、海洋以及破晓的天空，并利用采集的运动轨迹使数字化的环境与实物模型客轮有一致的大小比例、运动及透视关系。在演员与泰坦尼克号正式合成以前，先用简单的数字人物模拟跟踪合成的效果，再将绿屏前的演员抠像合成到正式的画面当中，最终完成这一镜头的制作。

图5-4　电影《泰坦尼克号》

中国台湾电影《诡丝》拍摄时，导演苏照彬有这样一个设想，让演员江口洋介在天花板上倒走。为此，剧组人员开了好几次会：用计算机做一个三维人体的主意先被排除，因为怕有写实度不足的问题；垂直吊钢丝也行不通，因为力学上的难度太高；搭个假天花板也不可行，因为如果把天花板当成地面，那得把原本在地面的所有东西都旋转180°后固定起来，难度反而更高。最后整个剧组所有部门聚集在一起，包括动作指导及负责特效的香港万宽公司，得出一个大家都可以接受的方式，就是用运动控制系统方式先在搭起来的场景中拍一次，接着移机到一旁与地面呈105°角的绿板上，拍吊着钢丝的江口洋介走下来的镜头（图5-5）。不过，实拍时依然有难度，要吊着钢丝在105°直立的板子上挺直身子走路，对于演员来说也是极为费劲的。

图5-5　电影《诡丝》拍摄现场

（二）运动控制系统的优缺点

运动控制系统方便了合成画面的制作，使工作效率大大提高，其优点在于：

（1）具有高精密度的结构，非常坚固，使用可靠。

（2）可以获得精确到帧的精度。

（3）运动流畅，也可以高速运动。

（4）数据交换程序方便，与三维、特效合成软件能够方便地交互使用。

当然，运动控制系统也有它的不便之处：

（1）由于关键点是预先设定的，对摄影机的运动有相当多的限制，拍摄过程中不能随机应变，对场面调度、演员表演等也有所限制。

（2）成本较高，即使是租用，小规模制作团队也望尘莫及。

（3）作为机械系统，装卸、调试和使用过程相对来说比较复杂费时，需要具备相当专业技术水平的操作人员才能很好地完成工作。轻便的运动控制系统稳定性也比较差，往往会造成运动过程中摄影机的抖动，影响拍摄质量和合成效果。

（4）总体上都需要比较大的拍摄场地，摄影机运动空间有限，只能拍摇臂够得到的范围。特殊环境应用受限制，如航拍、恶劣的自然环境、狭窄的管道等均不适合。

二、运动跟踪技术

在数字合成中，运动跟踪是一项非常神奇的功能，电脑中的程序可以跟踪一个物体，使该物体的运动轨迹更平滑或更稳定，跟踪附加的元素可以添加到镜头里，毫无破绽地跟随剧情的发展，同样，镜头中出现的元素也可以利用跟踪来去除它。

运动跟踪有两步过程。首先，跟踪取景器中的目标物体，这一步是收集数据；然后，跟踪的数据将转换为运动的数据，这个运动数据将作用于在背景中跟踪移动目标的新元素。大多数合成软件是先跟踪整个镜头，然后输出所有的运动数据，进行再渲染，例如 AE。另外一些软件例如 Flame，跟踪和导出运动数据都是同时完成的，你可以看到它跟踪或稳定的过程，不过两者只是在执行上有区别，其原理都是一样的。

具体在执行跟踪的时候，首先要选择跟踪点，将它们作为跟踪的目标，然后，在每帧变化时移动这些跟踪点为目标定位，这些数据将被记录下来，其精确度将决定跟踪的效果。所以要实现跟踪，选择好的跟踪目标是至关重要的，画面上很多部分都不能作为跟踪目标。一般我们要选择影像中边缘对比度高的部分，而且在 X 轴和 Y 轴都有高的对比度；其次，我们寻找的跟踪目标最好是固定的点。如图 5-6，摄影机视角发生了变化，因此我们要对此影像进行跟踪。

具体而言，跟踪点应用两个矩形框框住，内框所框区域便是匹配区，这个区域里的像素将用来分析匹配；外框则是寻找区，它意味着电脑将在每一帧寻找匹配的区域。外面的框越大，电脑搜索每一帧的时间也越长，所以设置它们的时候范围尽可能小一点。如果运动的范围很大，寻找框也要设大点，因为目标将在很大的范围内移动，寻找框必须每帧都能找到运动的目标。如图 5-7 所标示出的框线，就是两个合适的跟踪点。

图 5-6　摄影机视角的变化

图 5-7　跟踪点的确定

对于不同的运动跟踪软件，可能有不同的运算法则，但是操作方法是相同的。我们会在第 1 帧设置好跟踪点，在跟踪点内圈的匹配框里设置匹配参考，到了第 2 帧，匹配框将根据匹配参考重新定位，每个匹配框的位置展示了它们离匹配参考有多接近。如果匹配没有找到，许多系统都将中止工作，提示你手动找寻目标，一旦你找到目标，系统又会自动继续，直到你再次丢失目标，或者镜头结束。

当画面中目标物体离开画面或被遮挡住的时候，跟踪往往进行不下去了。因此，很多软件提供"Enable/Disable Feature（启用 / 不启用跟踪点）"操作。如果镜头中被跟踪的物体在第 100 帧的时候被某件物体挡住，有 10 帧看不见此目标物体了，这时可以为这 10 帧设置"不启用跟踪点"，让电脑忽略这 10 帧。

　　跟踪点的运用亦并非在第 1 帧设置好后便可一劳永逸，如图 5-8，我们将找好的跟踪点放大，不难发现其正方形的一个角在横向和纵向上都有明显的边缘。

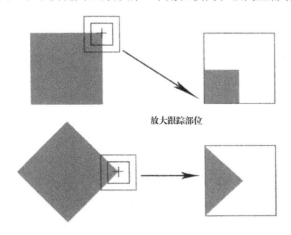

放大跟踪部位

图 5-8　放大后的跟踪点

　　在后面的镜头中，正方形的形状没有变化，但是在方向上发生了旋转，匹配的参考点和第 1 帧相比关联性很差，甚至系统会认为无法继续跟踪而停止。解决这个问题的方法是，我们必须在软件上设置前一帧作为新匹配参考的最佳匹配点。这样，目标将创建新的匹配参考，不断地改变形状，我们称之为"跟随形状"；在整个镜头中保持同样的形状来匹配参考，我们称之为"保持形状"。跟随形状可以解决形状变化的问题，但也许会产生更糟糕的跟踪数据。因为它每帧的跟踪都是建立在前一帧的基础之上的，所以一些小的错误可能会堆积到整个镜头上；相反，保持形状模式，即使某一帧发生错误，也不会堆积到整个镜头。所以，在跟踪的时候不妨首先试一下保持形状模式，如果有些帧的形状发生变化不能跟上，再将失败的帧设置为跟随形状。跟踪计算出来的结果是相对的运动，而不是真正的屏幕的位置。实际上，跟踪的数据往往始于开始的位置，到了第 2 帧就移动到相对第 1 帧的位置，到了第 3 帧，移动到相对第 2 帧的位置，以此类推。因为跟踪的数据是相对于起始位置的相对运动，第 1 帧没有跟踪数据，跟踪数据往往从第 2 帧开始。如果你跟踪一个平移的镜头，你将要跟踪的物体放在第 1 帧中需要跟上的位置，到了第 2 帧，跟踪数据就会移动一定的数据，这个数据是相对起始位置的。这也就是为何我们强调跟踪点必须尽可能贴近实际的锁定点，要是把从屏幕上方收集的跟踪数据用于屏幕的下方，画面就会有蠕动的感觉。

一旦跟踪数据采集好了，下一步就是让运动的物体运用这些数据产生新的运动轨迹。原始的运动数据可能来自像素平移、旋转、缩放以及四点固定，这些数据可以用在两个方面：一、作为跟踪数据，让静态的物体跟随运动的目标运动，旋转或缩放；二、作为稳定的数据，它让每帧重新运动、旋转、缩放，达到镜头的稳定。

三、运动轨迹反求技术

在后期合成阶段，传统的画面跟踪技术只能跟踪"画面内"物体的运动，而对于"画面外"的摄影机运动则显得无能为力。如果拍摄时有摄影机的运动，或者是不可避免的抖动，又没有用运动控制系统将摄影机的运动轨迹记录下来，在与三维图形合成时即使有少量的不匹配，也会使合成物体产生跳跃。有些拍摄场合也无法使用运动控制系统

图 5-9 航拍影片

或加蓝屏幕拍摄，比如飞机航拍山头（图 5-9），就不可能在拍摄时使用蓝屏幕，也无法保持摄影机固定不动。

在此情形之下，运动轨迹反求技术便应运而生了。该技术通过筛选对二维画面饱和度、明度、色相要素的若干特征点，进行运动跟踪，得到原始景物在三维坐标中左右、上下和纵深的关系，进而通过三维场景的变化反向求解出原始拍摄时摄影机运动的轨迹，以及镜头焦距等参数。

当计算机生成的三维图形需要合成到实拍的画面中时，将摄影机原始运动轨迹导入三维软件中，为三维图形所设置的虚拟摄影机就可以和原始摄影的摄影机同步运动，三维生成的物体、背景等图像内容的摄影机运动可以保证与实拍场景吻合，从而在后期时可以有效地进行合成。

摄影机轨迹反求，使用的是数字技术，计算机软件反求，无机械技术参与，是被动地对画面进行运动匹配，属制作流程后期，不受拍摄环境限制，但不能像运动控制系统一样重复拍摄画面匹配。不过，该技术可以与运动控制系统方式相结合，并可以在以下几种情况下工作：

（1）创作人员精确记录下前期拍摄时的各项参数，如镜头焦距、记录帧率、运动模式等，在软件中输入前期拍摄的参数进行匹配运算。

（2）创作人员不知道前期拍摄的参数，由软件通过画幅大小、像素长宽比自动推算。

（3）与运动控制系统设备交互式使用匹配参数。

在进行复杂的运动匹配时，需要创作人员充分了解摄影机轨迹反求技术，并在整个创作过程中（包括前期拍摄和后期合成）对该技术进行合理运用，才能获得良好的效果。具体包括：

（1）在前期拍摄时需要综合考虑画面的明暗、运动幅度、运动速度、运动遮挡、前后景画面元素等问题。

（2）对于特殊画面要求，在拍摄允许的情况下应多发现、设置可供参考的元素。

（3）拍摄时注意画面中有效参考元素的空间分布要均匀，并合理分布于空间的各个平面。

（4）在后期操作中可采用自动与手动相结合的方法以提高计算的准确性。

（5）应根据画面合成的内容，在相应的轨迹反求部分建立参考面，以辅助三维物体的"摆放"，提高画面真实度。

（6）输出反求结果时要设置正确的比例单位。

在蓝屏、绿屏前拍摄的镜头，也常常需要使用轨迹反求技术。因为在运动控制系统并不适用的场合，如果摄影机在拍摄过程中产生了运动，背景也应该有相应的运动和位移，而蓝屏或绿屏颜色单调一致，又缺乏纵深关系，往往不能为后期合成提供准确的摄影机运动信息。因此，在蓝屏、绿屏上往往会贴上一些等间距的跟踪点或等分线，细致一些的还可以让这些标记相互有所区别，通过跟踪这些关键点，就可以找回摄影机运动的信息。如在影片《暮光之城》的拍摄现场，可以看到背景绿屏上粘贴着定位标记，这样，在摄影机机位变化后，可以计算出合成背景的透视与角度变化（图5-10）。

跟踪点放置的多少和疏密由镜头运动幅度的大小和速度决定，动作幅度大，跟踪点可多些；反之，少些即可。跟踪点少了，对空间运动的控制会比较费力，多了又会给后期处理带来较多的修理任务。如果拍摄的镜头景别比较小，标记有可能被演员的身体所遮挡，或无法出现在画面中，这时，视觉效果协调员可根据取景的范围，在屏幕上投放一些紧急标记（如发光的小球），以与正常的标记相区别（图5-11）。

图 5-10　电影《暮光之城》拍摄现场

图 5-11　电影《美国队长》地面标记点的设置

在反求摄像机轨迹的处理中，具有镜头畸变的实拍素材的轨迹反求，是个需要加以关注的重要问题。一方面，实拍素材如果采用广角镜头拍摄，一般都会产生程度不同的镜头畸变，如果不经畸变校正处理，直接使用这样的素材进行轨迹反求，得到的参考点所勾勒出来的线条是不准确的，因为镜头的畸变会导致生成的模型出现失真。另一方面，不同于真实的摄影机，三维软件中的摄影机不存在镜头畸变，如果直接拿它与有畸变的实拍素材合成，必然导致错误的结果，不可能实现合成的真实匹配。

因此，畸变校正可以从两方面解决问题：一方面，消除画面畸变，使反求得到的参考点所构成的三维结构没有畸变、不失真；另一方面，使三维软件中生成的没有畸变的 CG 画面产生与实拍素材完全一样的镜头畸变，以此保证后期真实的合成效果。

第二节　表达式的运用

表达式是一种通过编辑语言，实现软件界面选项所不能完成的功能，或是在既定编辑基础上实现自动化重复操作的命令。

通过表达式，可创建图层属性之间的关系，以及使用某一属性的关键帧来动态制作其他图层的动画。例如，可使用关联器链接路径属性，以便蒙版能够从笔刷笔触或者形状图层对象中获取其路径。表达式语言基于标准的 Java Script 语言，但不必熟练掌握 Java Script 就能使用表达式。

下面笔者以 AE 为例，详细讲解表达式的操作规范。

一、表达式的操作

（一）添加、编辑和移除表达式

创建表达式一般在时间轴面板中完成，可以使用表达式关联器为不同图层的属性创建表达式，还可以在表达式输入框中输入和编辑表达式。

可以通过手动键入表达式或通过使用"表达式语言"自己输入整个表达式，也可以使用关联器创建表达式或者从某个示例或其他属性中粘贴表达式。

可以在时间轴面板中使用表达式完成所有工作，但有时将关联器拖动到效果控件面板的属性中更为方便。在表达式字段（时间图表中一个可调整大小的文本字段）中输入和编辑表达式，表达式字段显示在图层条模式中的属性旁；或显示在图表编辑器模式中的图表编辑器的底部。可以在文本编辑器中编写表达式，然后将其复制到表达式字段中。当向图层属性添加表达式时，默认表达式将显示在表达式字段中。默认表达式实际上不执行任何操作，它会将属性值设置为其本身，这时能轻松地自行微调表达式。

图层条模式下时间轴面板中的表达式界面包括："启用表达式"开关（A）、"显示后表达式图表"按钮（B）、关联器（C）、"表达式语言"菜单（D）和"表达式"字段（E）。

开始使用表达式的一种好方法是使用关联器创建简单表达式，然后使用简单的数学运算（例如表 5-1 中所列的运算）调整表达式的行为。

表 5-1　表达式数学运算

符号	函数
+	加
—	减
/	除
×	乘
* — 1	执行与原来相反的操作，例如逆时针，而非顺时针

（1）要向某属性添加表达式，请在时间轴面板中选择该属性并选择"动画"→"添加表达式"或者按"Alt+Shift+="组合键；或者按住 Alt 键并单击时间轴面板或效果控件面板中属性名称旁的秒表按钮。

（2）要暂时禁用表达式，请单击"启用表达式"开关。当表达式处于禁用状态时，此开关中会显示一条斜杠。

（3）要从某属性中移除表达式，请在时间轴面板中选择该属性并选择"动画"→"移除表达式"，或者按住 Alt 键并单击时间轴面板或效果控件面板中属性名称旁的秒表按钮。

（二）使用关联器编辑表达式

如果不熟悉 Java Script 或 AE 表达式语言，仍可以通过利用关联器来使用表达式的功能。可将关联器从一个属性轻松拖动到另一属性以将这些属性与一个表达式相关联，而表达式文本是在表达式字段中的插入点输入的。如果选中表达式字段中的文本，新表达式文本将替换所选文本。如果插入点不在表达式字段中，新表达式文本将替换该字段中的所有文本，如图 5-12 所示。

图 5-12　通过关联器编辑表达式

可以将关联器拖动到属性的名称或值。如果拖动到属性的名称，则生成的表

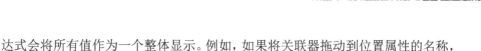

达式会将所有值作为一个整体显示。例如，如果将关联器拖动到位置属性的名称，则会显示如下表达式：

thisComp. layer("Layer 1"). transform. position

如果将关联器拖动到位置属性的某个组件值（例如 Y 值），则会显示如下表达式（其中属性的 X 和 Y 坐标均已链接到位置属性的 Y 值）：

temp=thisComp. layer("Layer 1"). transform.position[1];[temp, temp]

如果将关联器拖动到图层、蒙版或效果，而其在本地上下文中不具有唯一名称，则 AE 会对其重命名。例如，在同一图层上具有两个或更多个名为"Mask"的蒙版，且将关联器拖动到其中之一，则 AE 会将其重命名为"Mask2"。

关联器创建的表达式的格式由"以简明英语编写表达式拾取"首选项（"编辑"→"首选项"→"常规"）确定。默认情况下，关联器创建简明英语表达式，这些表达式使用显示在时间轴面板中的属性名称。因为这些名称被编码到应用程序中且未曾更改，所以这些表达式在 AE 以其他语言运行时可以运行。可更改的任何属性名称均括在双引号中且在任何语言中均保持一致。如果不打算跨语言共享的项目，则可取消选择此首选项。此首选项不会影响效果名称或效果属性。

以下是使用简明英语编写表达式的一个示例：

thisComp.layer("Layer 1").transform.position

以下是未使用简明英语的同一表达式：

thisComp.layer("Layer 1")("Transform")("Position")

（三）手动编辑表达式

（1）单击表达式字段以进入文本编辑模式。

（2）在表达式字段中键入和编辑文本，可以选择使用"表达式语言"菜单。要查看多行表达式的更多部分，请拖动表达式字段的底部或顶部以调整其大小。

（3）要退出文本编辑模式并激活表达式，请执行下列操作之一：按数字小键盘上的 Enter 键或在表达式字段外部单击。

（四）向表达式添加注释

如果编写复杂的表达式，并打算供其他人稍后使用，则应添加说明表达式的作用及其组件如何工作的注释。

（1）在注释开头键入"//"，将忽略//和行尾之间的任何文本。例如：//这是注释。

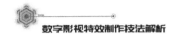

（2）在注释开头键入"/*"并在注释结尾键入"*/"。将忽略"/*"和"*/"之间的任何文本。例如：/* 这是多行注释 */。

（五）保存和重用表达式

在编写完表达式后，可以通过将其复制并粘贴到文本编辑应用程序或者通过将其保存在动画预设或模板项目中来保存表达式，以供日后使用。然而，因为表达式的编写涉及项目中的其他图层，且可能会使用特定图层名称，所以有时必须修改表达式才能在项目之间传递表达式。

如果要保存表达式以便在其他项目中使用，则应向表达式添加注释。这样可以保存包括表达式在内的动画预设并在其他项目中重用动画预设，当然，前提是表达式不引用其他项目中不存在的属性。当保存其中的属性具有表达式但没有关键帧的预设时，只会保存表达式。如果该属性具有一个或多个关键帧，则保存的预设包含表达式以及所有关键帧值。

从图层属性复制表达式，可以包含也可以不包含该属性的关键帧。

（1）要将表达式和关键帧从一个属性复制到其他属性，请在时间轴面板中选择源图层属性，复制该图层属性，选择目标图层属性，然后粘贴。

（2）要将表达式从一个属性复制到其他属性且不复制关键帧，请选择源属性，选择"编辑"→"仅复制表达式"，选择目标属性，然后粘贴。

当同时复制多个表达式并将其粘贴到一个或多个新图层上时，或者当复制一个表达式并将其粘贴到多个图层上时，复制不含关键帧的表达式非常有用。

（六）表达式控制效果

使用表达式控制效果，可通过使用表达式将属性链接到控制，来添加一个可用于处理一个或多个属性值的控制。单个控制可同时影响多个属性。

表达式控制效果的名称指示其提供的属性控制类型，如角度控制、复选框控制、颜色控制、图层控制、点控制、滑块控制。AE CS5.5 和更高版本还提供了3D 点控制。

如果从"动画预设"→"形状"→"背景"类别中应用动画预设，则可以在效果控件面板中看到自定义的动画形状控制效果，此自定义效果是特别为这些动画预设创建的专用表达式控制效果。可以将此效果复制并粘贴到其他图层，也可以将其另存为动画预设本身，以便能够在其他位置应用。可以采用应用其他效果（例如将效果从预设面板拖动到图层上）的方式将表达式控制效果应用到图层；

可以将表达式控制效果应用于任何图层。但是，将其应用于空图层（只需将其用作控制图层）会非常有用。然后，可将表达式添加到其他图层上的属性，以便从该控制中获取输入。

二、表达式操作实例 —— 自动钟表

本案例中我们利用表达式控制钟表的指针走动、文字的色彩变幻以及呼吸灯效果。通过此案例我们能够感受到，通过利用表达式简单的表达式语句，能够实现传统方式中需要手动设置许多关键帧的操作。自动钟表效果图如图 5-13 所示。

图 5-13　自动钟表效果图

1. 导入素材

（1）点击"菜单"→"File"→"Import"→"File"，导入素材文件，导入方式选择"Composition"方式，图 5-14 所示。

（2）双击"Clock"的"Composition"，在时间轴面板打开当前合成组。按快捷键 Ctrl+K 设置合成的"Duration（持续时间）"为 15 分钟。

2. 调整素材

（1）选择"Selection Tool"，在合成窗口调整参考线的交叉点在指针的中心位置，如图 5-15 所示。

（2）选择"Miaozhen"层，选择"Anchor Point Tool"，将其轴心点调整到参考线交叉点处，其他的"Fenzhen"和"Shizhen"层同样操作。

图 5-14　素材导入

图 5-15　素材调整

3. 秒针的控制旋转表达式

（1）选择"Miaozhen"层，按 R 键打开其"Rotation"属性，在时间指针 0 秒位置按下"码表"按钮，在 1 秒位置设置"Rotation"旋转角度为"6°"（一圈角度为 360°，每秒的旋转角度为 360/60=6°），点击"Graph Editor（曲线编辑器）"，选中两个关键点，设置关键点类型为"Hold"，以此实现秒针一下一下跳动的动画，如图 5-16 所示。

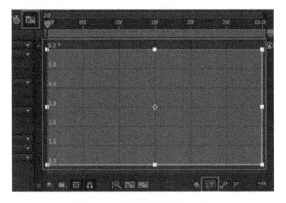

图 5-16　控制秒针的旋转（1）

（2）在打开"Rotation"属性的前提下，单击"菜单"→"Animation"→"Add Expression"，为该属性添加表达式控制，在表达式输入框中键入表达式"LoopOut（type='offset'）"（循环关键帧动作，类型 = 偏移），如图 5-17 所示。

图 5-17　控制秒针的旋转（2）

4. 分针的控制旋转表达式

（1）选择"Fenzhen"层，按 R 键打开其"Rotation"属性，在时间指针 0 秒位置按下"码表"按钮，在 60 秒位置设置"Rotation"旋转角度为"6°"（一圈角度为360°，每分钟的旋转角度为360/60=6°）。

（2）在打开"Rotation"属性的前提下，单击"菜单"→"Animation"→"Add－Expression"，为该属性添加表达式控制，在表达式输入框中键入表达式"LoopOut（type='offset'）"。

5. 时针的控制旋转表达式

（1）选择"Shizhen"层，按 R 键打开其"Rotation"属性，在时间指针 0 秒位置按下"码表"按钮，在 15 分钟位置设置"Rotation"旋转角度为"7.5°"（一圈角度为360°，每 15 分钟的旋转角度为360/12（时针转一圈 =12 小时）/4（1小时 =4 个 15 分钟）=7.5°）。

（2）选中"Rotation"属性的前提下，单击"菜单"→"Animation"→"Add Expression"，为该属性添加表达式控制，在表达式输入框中键入表达式"LoopOut（type='offset'）"。

6. 呼吸灯的表达式控制

（1）新建一个黑色"Solid"（纯色）层。重命名为"Light"。放置该层到"Shizhen"层之后，单击"菜单"→"Effect"→"Generate"→"Circle"，制作一个圆环，如图 5-18 所示。

图 5-18 呼吸灯的表达式控制（1）

（2）在0秒位置打开"Circle"效果的"Edge Radius"属性和"Color"属性的码表，在1秒处分别设置"Edge Radius"的属性为84，"Color"的属性为绿色。实现圆圈大小动画和色彩由蓝变绿的动画。单击"菜单"→"Effect"→"Stylize"→"Glow"，设置"Glow Radius"值为28，实现

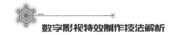

发光效果。

（3）分别为两个属性添加表达式控制，表达式输入框中键入表达式"LoopOut（type='ping pong'）"（循环关键帧动作，类型=往复），如图5-19所示。

图5-19　呼吸灯的表达式控制（2）

第三节　仿真模拟

电脑的仿真系统可以模拟自然界中的现象，例如超重或失重现象。我们之所以需要仿真系统，这是因为要为自然界的物体加上恰当的动画是非常困难和复杂的，而仿真系统制作的动画往往比手工创造的动画更具有现实感。如图5-20，利用文字"我"造成了粒子飘舞的效果，在这里"我"转换为Mask。

图5-20　由"我"字构成的粒子飘舞效果

利用表达式我们可以让粒子跟随主体运动，粒子本身的物理参数还可以进行调节。如图5-21，我们利用一个发光的小球，让此小球随机摇摆——设置Wiggle（5，500）；然后将粒子层和小球层发生关联，最后粒子就跟随小球作出了绚丽的动画。

利用仿真模拟不仅可以得到我们想要的效果，还可以添加运动模糊，尽管那样的效果并不真实，却充满戏剧性。如图 5-22，利用 Mask 勾勒的雪花作为图案，制造了大雪纷飞的幻境。

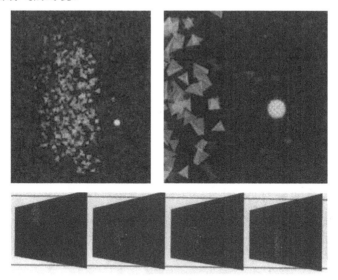

图 5-21　由粒子和小球组成的动画

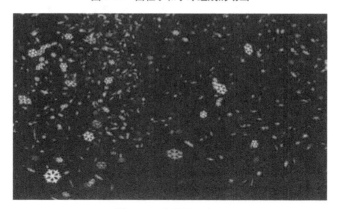

图 5-22　大雪纷飞动画

　　我们也可以模拟大气的流动，摇摆的树叶，纷飞的鹅毛……如今，仿真模拟系统的发展越来越先进，整幢建筑物的倒塌、液体的流动、空气的运动等都可以被模拟。

　　在 AE 软件中，Simulation 滤镜包含了许多创建粒子的选项，利用这些滤镜可以自定义粒子的形状。有多种粒子发射器可以选择，粒子的数量、速度和方向都可以定制，而选项 Physics 里则包括了属于环境自身的物理选项：重力、空气阻力、风力、旋转等；Visibility 包含了影响粒子深度的控件。如图 5-23，展示了 CC Scatterize 仿真滤镜中最简单的打散效果。

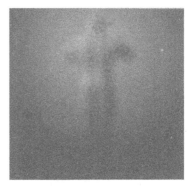

图 5-23　CC Scatterize 滤镜的打散效果

　　图 5-24展示了 CC Ball Action实现的将对象打散为颗粒球的效果；图 5-25展示了 CC Drizzle滤镜模拟的水纹涟漪效果；图 5-26展示了 CC Particle SystemsⅡ模拟的粒子效果。

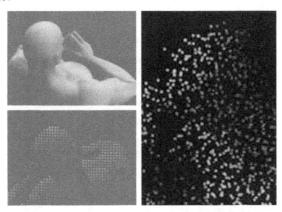

图 5-24　CC Ball Action 将对象打散为颗粒球的效果

图 5-25　CC Drizzle 滤镜模拟水纹的效果

图 5-26　CC Particle Systems II 模拟粒子的效果

　　粒子系统可以创造无数个小颗粒，例如雾、雨、烟。这些颗粒被赋予了色彩、大小、透明度、柔化度等，拥有了生命，所以每个颗粒都要经历出生、生存到死亡的过程。当然这些属性不是赋予一个个颗粒的，而是整个粒子群，改变其中的参数，粒子就会创造不同的自然现象。如图 5-27，是利用 Radio Waves 创造的粒子动画，展现了色彩斑斓的波纹。

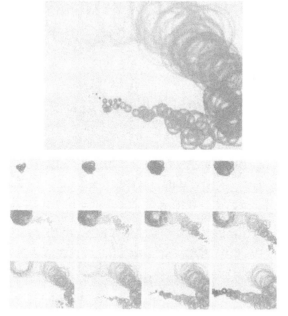

图 5-27　利用 Radio Waves 创造的粒子动画

　　如图 5-28，同一滤镜可以产生不同的粒子效果，同样是 Radio Waves 控件，在这里却创造了烟雾缭绕的影像，图中界面左边的黄色遮罩描绘了烟的形象，粒子的形状正来源于此。

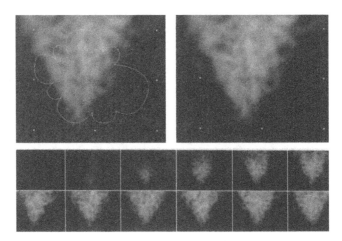

图5-28　利用Radio Waves创造的烟雾缭绕的影像

　　粒子系统和仿真系统都有一个共同点，就是它们渲染出的第一帧都是没有影像的，一般情况下，粒子和仿真系统都要100帧才开始有效果。粒子系统软件可以产生合适的Alpha通道，我们在合成之前必须明确如何利用这些粒子元素，是用Add合成还是Screen或其他方式。

第四节　3D图层及其应用

　　AE提供的3D功能可以将图片、视频等二维素材变成可以从前、后、左、右、上和下观看的立体效果，为影视后期效果开拓空间。

　　将图层设为3D，AE将在二维的基础上为其添加一个Z轴，用来控制该图层的深度。当Z值变大，该图层将移动到更远的位置，反之，将移动到更近的位置。使用拥有X、Y、Z轴的3D图层，可以制作出非常逼真的三维立体空间。

　　进入3D世界，最重要的改变就是除了原来的X、Y轴外，多了深度Z轴。而视图也成为基本的六种（Front、Left、Top、Back、Right、Bottom）和自定义视图（Custom View）。

　　如图5-29为某品牌手机3D画面效果图，本节将以其为例，具体剖析3D图层的属性设置。

图 5-29 某品牌手机 3D 画面效果图

（1）新建合成"倒影"，设置合成大小为 720px×576px，"像素长宽比"为"方形像素"，"持续时间"为 5s。

（2）双击项目窗口的空白处，导入"素材"文件夹下的"01.png"。

（3）选择"图层 1"新建"纯色"命令，"颜色"为白色，其他缺省。

（4）打开"效果和预设"面板，选中"生成""梯度渐变"特效，双击，如图 5-30 所示。

（5）在"效果控件"面板中，设置"起始颜色"的 RGB 值为"175，175，175"。

（6）将"01.png"拖放到时间轴窗口中"白色纯色 1"图层的上方，设置"01.png"图层的"位置"为"330，230"，"缩放"为 30%，按 Ctrl+D 组合键将其复制，并将复制图层命令为"复制"，设置"复制"图层为"3D 图层"，如图 5-31 所示。

图 5-30 3D 图层的属性设置（1）　　　　图 5-31 3D 图层的属性设置（2）

（7）展开"复制"图层的"变换"选项，设置"位置"为"330.0，550.0，0.0"，"X轴旋转"为"0x+180.0°"，如图5-32所示。

（8）选中"复制"图层，选择"效果"→"过渡"→"线性擦除"命令，在"效果控件"面板中，设置"过渡完成"为80%，"擦除角度"为"0x-180.0°"，"羽化"为420.0，如图5-33所示。

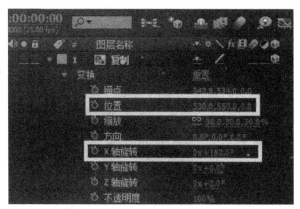

图5-32　3D图层的属性设置（3）

图5-33　3D图层的属性设置（4）

（9）在活动摄像机调整好大小之后，为了同时获取不同角度的视图，可以选择2个视图，右边是原来的活动摄像机，左边是另一种视点（可以是顶部视图，左视图等）。如果是左视图，此时的"手机"将变成一条细线。

（10）如果想观看更多不同的视点，也可以选择4个视图，设置的方法是：先单击该画面，再到视点选项进行选择。因此，从上到下的小画面分别为：左侧、顶部、自定义视图1。

（11）新建一个"黑色纯色1"，选择"效果"→"过时"→"路径文本"命令，输入路径文本"Phone-Phone"，设置"形状类型"为"圆形"，勾选"反转路径"选项，调节字体、大小和颜色，如图5-34所示。

（12）使其成为三维图层，在左视图下，用 Z 轴使图层向右移（表示在片轴的前面），Camera 再切换回 Active，用旋转 X 轴使"Phone-Phone"向后倒，形成立体空间，如图 5-35 所示。

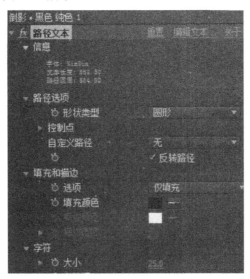

图 5-34　3D 图层的属性设置（5）

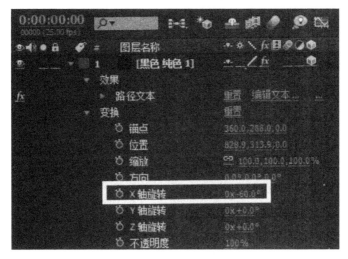

图 5-35　3D 图层的属性设置（6）

（13）选择"效果"→"路径文本"→"段落"，将时间轴移至"0：00：00：00"处，单击"左边距"左侧的秒表，设置"左边距"为 0，然后将时间轴移至"0：00：01：00"处，设置"左边距"为 400，字符串就会逆时针旋转，如图 5-36 所示。

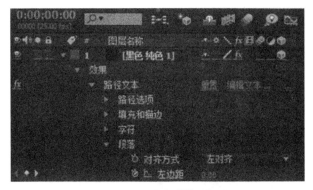

图 5-36　3D 图层的属性设置（7）

（14）选择"效果"→"透视 1"→"斜面 Alpha"命令，增加文字的厚度，也就是形成立体动画的文字。

（15）预览，形成效果图。

第六章 影视特效的综合应用研究

现在，影视特效的强大功能已经不断被普及，乃至无处不在。它在数字影视中的应用大致分布在三个板块，即电视包装、影视片头和商业广告制作。

第一节 影视特效在电视包装中的综合应用

一、电视包装的内涵

电视包装就是要建立一套完整的电视频道识别系统，并确立相应的电视栏目和节目的包装方案。电视频道视觉识别系统可以分为两个方面：一是在频道内部，针对栏目、节目的具体需要，面向电视观众收视需要而进行的包装设计；二是在频道外部，为了树立电视台的形象，对办公用品、交通工具、工作服装等进行的统一识别设计。

电视频道内部视觉识别系统主要包括确立台标、标准字、标准色、频道宣传片以及话筒标识、演播室场景设计，甚至包括主持人化妆发型等内容。

二、电视包装的视觉元素

（一）抽象元素

电视包装是一种动态的画面构成，其中包含文字、图形等设计元素。但是由于画面是动态的，这种变化使电视包装拥有了平面设计所缺乏的变化性，特别是在时间意义上的变化。三维生成的图像没有任何约束，二者之间的变化转瞬产生、转瞬消失，因此在电视包装中，抽象元素的文字、图形在某种程度上具有共通性。文字可以理解为图形，图形也可以理解为文字；文字可以为画面的主导，图形也可以为画面的主导（图6-1）。

图6-1　电视包装的抽象视觉元素

三维空间中的点、线、面是电视包装中最常见的视觉元素，这些内容简单明了、突出视觉引导力。从画面设计的角度来说，在画面中运用手法的不同，元素综合运用的不同可造成特殊的视觉感受，由此创造抽象画面。需要注意的是，单个元素的点的形态、位置、密集程度所造成的心理感受，线的曲直、粗细的不同产生的视觉感受，面的扩张感，速度的不同、光线效果与肌理效果的不同都可以造成不同的心理感受。

抽象元素的运用顺应了当代人崇尚简单生活的心理需求，人们对简单生活的需求也包括对电视文化简约、单纯的需求。从接受心理学来看，简单明了的东西让人更容易接受。在电视包装中，就应该去掉杂芜的非主题元素，突出单纯主题元素。另外，单纯的音乐旋律，也是一个非常好的选择（图6-2）。

图6-2　常见的电视包装画面截屏

提倡单纯简约并不排除手法上的丰富和创意上的现代感。使用简洁的画面形象同样可以带来视觉上的强烈冲击力。抽象元素能带来一种意象的设计，一个电视节目或者频道中，简洁的视觉识别系统，包括主持人的形象设计、栏目的背景色系等，都应该统一在一个单纯的个性化的视觉设计下。抽象元素长期稳定的使用，能使电视包装的个性化得以彰显。

（二）具象元素

当今电视包装领域并非运用单一手法进行创作，视觉特效一开始就是一件舶来品，电视包装也一直呈现多元化的格局。具象元素在某些电视包装中同样带有一定的视觉冲击力，在电视包装中占有很大的比重。拍摄好的画面、抠像出来的人或气球、鸽子、飞机、丝绸等，都是具象元素。这些元素可以充实和丰富画面的内容，平衡画面中的色彩与构图，使画面更具美感、更富艺术性。有些元素主要起美化画面的辅助作用，而有些元素本身就包含了重要的宣传信息（图6-3）。

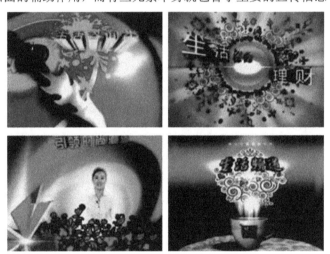

图6-3　运用具象造型的电视包装

具象不是简单的写实，特别是在电视包装艺术中。它同样要经过作者的改造、选择与变形，在"似与不似"之间游离，并可能经过一定的技术处理形成新的变形，比如建模、抠像、抽出或者描绘轮廓。电视包装中的具象元素在造型中难以下定义，但却真实可感。

好的电视包装本身就是一件作品，这与它里面涵盖的元素密不可分。视觉元素在电视包装中所起到的辅助作用是，它要给观众从视觉上一个理解的过程，观众可以通过自己的文化修养，激发起联想和思索，进而领会作者构思的意图，从中感受到设计者创作的妙处和巧智，从而得到审美情感的陶冶。当然如果这种理解过于简单，令人一目了然，则会使观者兴味索然；如果理解过程过于困难复杂，则会使人感到晦涩难懂，曲高和寡。针对不同风格的频道、栏目，抽象和具象元素运用的侧重点应该不同。形式服务于内容，选择具象或者抽象元素需要参考栏目或者频道本身的美学风格。

三、不同电视栏目包装风格与类型

每一个频道有不同的电视栏目，每一个栏目根据其节目内容有着不同的包装要求，在包装设计中，常常也形成相应的制作技巧与规律。

（1）新闻栏目在包装形式上常采用抽象元素，强化权威性及严肃性。

（2）体育栏目包装常常采用运动的元素，具有激烈、快节奏的特点，并结合不同的体育项目展开。

（3）音乐栏目包装要突出音乐的特性，流行音乐栏目突出年轻的元素，节奏欢快，时尚鲜明；传统音乐栏目常突出民族风情，节奏舒缓优雅。

（4）科教类栏目包装主要以自然、科学、人文、历史、人物为题材，严谨深刻，体现记录特征，以轻松的方式体现科学性和知识性。

（5）法制栏目包装一般体现主旋律，比较严谨和严肃。

（6）健康栏目包装针对中老年受众，包装较为稳重、舒缓，多采用传统文化元素。

（7）生活类栏目包装常以老百姓的衣食住行为题材，表现方式丰富，轻松、温馨，生活化特征明显。

（8）影视剧栏目包装多突出了电影、电视剧中的视觉震撼力及画面的精致细节。

栏目包装的风格是相对的，采用个性化的技巧有时能产生独特的效果，栏目包装的创意需要从节目内容和观众心理展开研究。

四、电视栏目包装片头制作流程

电视栏目包装目前已成为电视台和各电视节目公司、广告公司提升形象最常用的手段之一。包装是电视媒体自身发展的需要，是电视节目、栏目和频道成熟稳定的一个标志。各电视台和公司为了能让自家的电视频道、节目和栏目在众多竞争对手中脱颖而出，都非常重视电视包装。

为了能让电视包装做得更新颖、时尚，各大电视台、频道纷纷开始使用影视动画技术。各种计算机 3D 动画、高清实拍镜头、精彩的后期特效已经大量地展现在电视包装中。为了制作出优秀的电视包装作品，不仅需要各种硬件的支持，同时需要设计人员使用各种软件把出色的创意表现出来，以丰富作品。

根据在制作过程中软件使用上的分类，栏目包装在制作上可以粗略分为制作创意稿（包含 Logo 设计）、三维元素和场景搭建以及后期合成三个阶段。在制作创意稿阶段，首先设计频道或栏目的 Logo，这时候就要使用二维矢量软件如 Illustrator 或者 CorelDRAW 进行绘制，然后在 Photoshop 中制作创意稿，但鉴于某些效果的表现，更多的设计人员喜欢在合成软件中进行，如 AE。三维元素和场景搭建阶段，最常用的软件就是 3ds Max 和 Maya。当然，由于使用习惯不同，不排除有的用户会使用其他的三维软件进行制作。后期合成阶段，目前的栏目包装制作领域中，使用最广泛的合成软件就是 Adobe 公司的 AE，由于其简单易用，具备宽广的兼容性，并且有着丰富的特效插件支持，因此深受制作人员的喜爱。其他合成软件还有 Autodesk 公司的 Combustion、Eyeon 公司旗舰产品 Digital Fusion、Apple 公司的高端特效合成软件 Shake 等。如果使用的素材中含有实拍素材，那么还需要用到剪辑软件，例如 Adobe 公司的 Premiere、Sony 公司的专业影像编辑软件 Vegas 等。

区别于三维动画或者影视广告，电视包装的"故事板"通常称为创意稿，因为电视包装无论是片头还是频道 Logo 演绎等，时间长度往往只有十几秒，甚至更短。那么在这珍贵的时间段内要想引起观众共鸣，使观众过目不忘，就在于通过制作人员瞬间闪现的创意灵感，把元素的光影流动、场景的巧妙转换发挥到极致。在电视包装系统下各个子类别所表现的画面中，由于画面中出现的元素有限，对于这些画面素材的渲染要求就会十分高，无论颜色、质感、光影明暗都要力求完美。Autodesk 公司的 Mental Ray 渲染器是一款将光线追踪算法推向极致的产品，利用这一渲染器，可以实现反射、折射、焦散、全局光照明等其他渲染器很难实现的效果，甚至是逼真的照片级效果的画面。

在电视包装中，片头制作占据了主要的位置，甚至片头成了整个电视包装的代名词。电视包装的制作有着较规范的制作流程，根据这个流程可以更为快速地解决问题，达到理想的视觉效果。由于整个电视包装系统极其庞大，这里只为大家提供电视栏目片头的制作流程，这个流程同样适用于电视包装中其他内容的设计制作。

五、电视包装特定风格制作实例

（一）书法风格制作

书法字效果在电视包装中经常用到。AE 中的 Vector Paint 工具可以实时地记录手写的速度，这样设计师就可以运用笔制作出书法运笔的提、按、顿、挫的速度变化（为更好地完成本例，建议配备一块数字化绘图板）。

（1）打开 AE软件，新建一个合成窗口"Comp 1"。分辨率为 1920×1080，帧率为 25 帧 / 秒，时间长度为 15 秒，这是一个标准的高清项目。

（2）将书法题字扫描，并在 Photoshop 中把黑色字体周围的白色背景删去，去除不必要的脏点，存储成 psd 格式。把这个 psd 文件输入 AE 素材栏。在"Comp 1"的视窗中调好它的位置（图 6-4）。

在文字的下层添加一个白色的背景，用快捷键 Ctrl+Y 创建一个白色的固态层，置于手写文字的下层（图 6-5）。

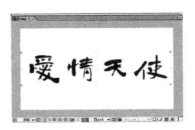

图 6-4　书法风格制作（1）

图 6-5　书法风格制作（2）

（3）在当前文字层上点击右键，选择 Effect/Paint/Vector Paint，打开 Vector Paint 效果窗口。这里需要对参数做三个重要的改动：

①改动 Playback Mode 回放模式为 Animate Strokes。

②改动 Composite Paint 为 In Original Alpha Only。

③在合成窗口点击右键，改动 Shift-Paint Records 为 In Real Time（图 6-6）。

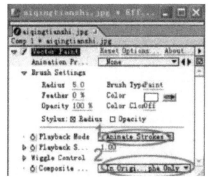

图6-6　书法风格制作（3）

选择合成窗口左侧工具中的画笔。按住键盘上的 Ctrl 键，在视图内点击并且拖动，可以调整画笔笔头的大小。选择画笔时以恰好能遮住笔画的粗细为佳。

左手按住键盘上 Shift 键，使用感压笔在手写板上依次把四个字用纯白色描一遍。描的时候多加小心，注意运笔舒缓，因为此时动作的快慢是完全被记录下来的。要让画出来的白色恰巧完全遮盖黑色。

为了便于仔细描绘，可以放大视窗逐个描绘。方法是在完成一个字之后，松开 Shift 键→按住 Space 键→平移画面→松开 Space 键→按住 Shift 键，描下一个字。依次描绘。

（4）四个字都描好之后，松开 Shift 键，在 Vector Paint 效果窗口作如下的变动：

①改动 Composite Paint 为 As Matte。

②改动 Playback Speed 为合适数值。当回放速度为 1 时，软件按照书写的本来速度回放。通常我们需要回放速度快于我们的书写速度，因此把此数值调整为10 左右（图 6-7）。

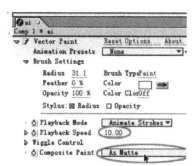

图6-7　书法风格制作（4）

此时拖动时间指示线，合成窗口里的字已呈动画效果。但是此时每个字的动画是同一时刻开始的，并非我们想要的效果。

分别在每一层上使用矩形 Mask 工具，框出对应的字。Mask 工具的功能是保留区域内的内容，每一层进行框选之后，四个字成为单独的动画了。在时间轴上把四个字所持续的时间依次排开（图 6-8）。

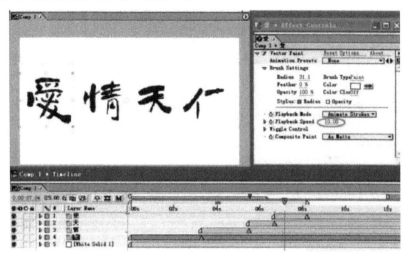

图 6-8　书法风格制作（5）

如果你对哪个字的书写速度不满意，还可以调节该层的 Playback Speed 参数来进行个别改动。如果你对字的相对位置不满意，分别移动四个层就可以了。接下来点击 Ctrl+M 输出或者做成预合成（Pre-comp）形式跟别的素材组合。

需要注意的是，第三步是非常关键的步骤，要画出来的白色恰巧完全覆盖黑色，有时并非一次就能成功，很多时候需要多次反复，来适应感压笔运笔轻重不同而带来的笔头大小的变化。当然，难度的大小跟字体有很大关系。如果是笔画粗细均匀的楷书，描起来会容易得多，如果是粗犷不羁的草书的话，描绘起来会更难。除外，尤其要注意笔画的顺序，若错了只有推倒重来。

（二）中国画风格制作

进行中国画风格制作，首先要掌握画面虚实之间的关系，再把这种关系与软件工具结合起来，这样就可以完成一段具有鲜明中国画风格的作品。

我们以一幅现有的国画为蓝本，在画面中添加其他元素，完成一幅动态的画面。

（1）由于画面本身和使用的素材均具有中国画的特征，因此可以较好地保持作品的风格特征。在软件中创建一个项目"Comp1"，输入素材（图6-9）。

图6-9 中国画风格制作（1）

（2）输入素材蝴蝶。蝴蝶采用手绘动画的方法，保持了蝴蝶本身的水彩风格。并且为了合成的方便，制作的时候保留了黑白遮罩，把蝴蝶色稿和黑白遮罩输入项目（图6-10）。

图6-10 中国画风格制作（2）

（3）按照之前介绍的书法文字的制作方法，组合背景、蝴蝶与文字，组合的时候注意构图的平衡与协调。

（4）添加氤氲薄雾。Fractal Noise 是 AE 软件中应用最广泛的内建滤镜之一。使用此滤镜可以打造诸如烟雾、水、气流、丝绸等效果，并且可以为众多效果提供辅助素材。在这个例子里，我们使用 Fractal Noise 创建淡淡的薄雾在画面中。

添加一个固态层，在层上添加 Fractal Noise 滤镜。调整 Fractal Noise，使其状态类似雾状，缓慢波动而有一定的幅度，其最终效果如图6-11所示。

图 6-11　中国画风格动画效果

　　不论古今中外，一切技法和表现形式都是对前人经验的总结。在这里只是推荐了其中常用的书法风格和模仿水墨效果两种，引导一种常规的制作思路。但技法又是多样并存并不断发展的，我们在理解思路的基础上，不仅要知其一，还要知其二，要善于举一反三、灵活运用。

第二节　影视特效在影视片头中的综合应用

一、影视片头的内涵

　　影视片头简称为片头。就像写文章需要一个标题一样，在影视节目的制作中，也需要对所制作的栏目或节目定义一个标题（片头）。

　　在电视栏目中，栏目片头主要起收视引导作用，告知电视观众本栏目已经开始，欢迎收看。有时，在某些电视栏目中，整个栏目还会分成几个小段落，每个段落有一个小主题。

　　为适应这种需要，还会创作一些小片头，这些小片头称为片花。在片头、片花的创作中，应注意它们的风格统一、形象统一，并在统一中彰显个性、突出亮点。片头具有表达中心的作用，它的基本要求是醒目、简洁、特点突出、有时代感，地方台或专业频道的片头还要求能体现出地方特色或专业特色。

二、影视片头制作实例 —— 内蒙古电视台总片头

（一）客户需求

（1）内蒙古电视台的总片头。

（2）要求体现浓郁的蒙古族特色。

（3）传统中不失现代风采。

（二）需求分析

（1）片头一般保持在 15 ～ 30 秒长度，确定制作 30 秒版本，可用 30 秒版本剪辑为 5、15 秒版本。

（2）要体现蒙古族特色，在画面元素选择中加入蒙古族特有的云纹纹饰，在 logo 设定上也充分考虑蒙古族的代表性元素。全片共分 7 个镜头，每个镜头中都有相关蒙古族风情特色的体现。

（3）第三点需求非常抽象，但又是很多客户都会提出的需求点。可在画面设计中用传统元素做画面贯穿视觉点，整体风格不要太具象，多加入现代设计风格的内容。

（三）设计实施

1. logo 设计

（1）logo 演绎类型的片头一定要注重 logo 的设计，合适的设计可以起到事半功倍的效果。

（2）logo 仿照蒙古族"搏克手"脖子上的带有彩色飘带的项圈"江嘎"造型而来，如图 6-12 所示。

图 6-12　logo 设计

2. 字体设计

（1）秉承体现蒙古族风情的原则，字体设计中也加入蒙古族元素。

（2）主要涉及中文和英文两种字体的设计，如图 6-13 所示。

图 6-13　字体设计

3. 定版设计

方向确定后，一般可以先设计出定版画面，再依据定版画面元素拓展其他分镜头的设计，如图 6-14 所示。

（a）第一版设计稿　　　　　　　　（b）最终版设计稿

图 6-14　定版设计

4. 音乐选取或制作

音乐的选取或制作是整个片头制作中比较重要的环节，合适的音乐会为片子带来更加出色的视听效果。在片头制作中，既可以先做画面后配乐，也可以先确定音乐再制作画面。如果有合适的音乐的话，建议大家可以先确定音乐，这样可以完全匹配音乐节奏，制作出更为有韵律感的画面。如果有专业的音乐创作团队，也可以先做画面，再交由专业团队制作音乐。

本片中，已经提前制作好了音乐，是一首融合了蒙古族长调风情但又不失节奏感的背景音乐。对于已有的音乐片子，我们可以将其放置在 AE 的时间轴中，用"标记工具"标记出音乐的几个转折点，来确定每个画面的转场节点和分镜头的数量。根据音乐节奏将其分出 6 个节点，即 7 个镜头分段，如图 6-15 所示。

图 6-15　音乐制作

5. 分镜头设计

镜头数量确定后,依据设计方案,共制作出 7 个分镜头设计稿,如图 6-16 所示。

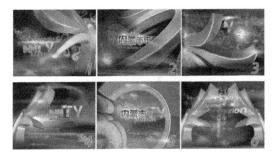

图 6-16　分镜头设计

（四）画面素材制作

1. 3D logo 制作

（1）将 logo 用 Photoshop 打开,用"钢笔工具"描绘出 logo 曲线,如图 6-17 所示。

（2）点击 Photoshop "菜单"→"文件"→"导出"→"路径到 Illustrator",将路径导出,保存为"logo 曲线 ai"文件。

（3）运行 3ds Max 2014,点击 3ds Max "菜单"→"文件"→"导入"→"logo 曲线 ai",并设置导入选项,如图 6-18 所示。

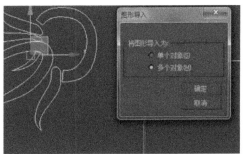

图 6-17　logo 制作（1）　　　　图 6-18　logo 制作（2）

（4）分别选中"logo 曲线"的每一部分，在修改器列表中添加"倒角剖面"修改器，绘制一条剖面曲线，并用拾取剖面选项拾取剖面曲线，如图 6-19 所示。

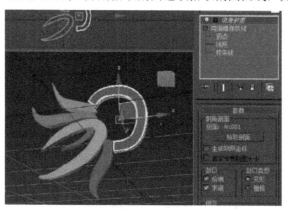

图 6-19　logo 制作（3）

2. 3D logo 材质制作

（1）右键转换所有部件为"可编辑多边形"，在多边形子级别，分别选择正面、侧面、边缘三部分的三个 ID，编号为 1、2、3 号。并给模型添加"UVW 贴图"修改器，如图 6-20 所示。

图 6-20　3D logo 材质制作（1）

（2）在 3Ds Max 中，按 M 键打开"材质编辑器"。点击 Standard 按钮，转换材质类型为"多维 / 子对象"材质，设置材质数量为 3 个，分别给 1、2、3 号材质添加红色渐变、黄金金属、银色金属材质，如图 6-21 所示。

（3）"材质编辑器"中，复制多份材质球，分别编辑对应的材质渐变色，添加 logo 对应的模型部件。再创建聚光灯放置在 logo 四周（考虑画面需要，去掉了 logo 中的一个小部分），如图 6-22 所示。

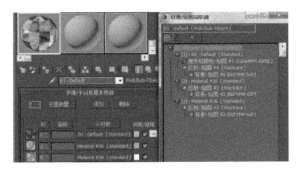

图 6-21 3D logo 材质制作（2）

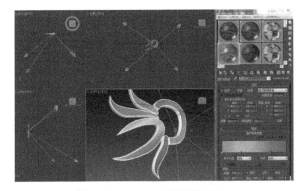

图 6-22 3D logo 材质制作（3）

3. 3D logo 动画制作

在透视视图调整好视角后，按快捷键 Ctrl+C 创建一个摄像机，调整对应的摄像机动画并渲染输出为"TGA"序列文件，如图 6-23 所示。

图 6-23 3D logo 动画制作

（五）后期合成与特效制作

1. "镜头 1"制作

（1）素材准备。

①打开 AE，点击"菜单"→"合成"→"新建合成"，新建一个预制为 PALD1/DV、持续时间为 30 秒，名称为"内蒙古电视台片头"的合成组。

②导入"内蒙古电视台片头音乐.wav"素材，拖拽入时间轴轨道中并设置好几个镜头标记点。

③导入"镜头 1.psd"，导入类型为"合成"类型，双击"镜头 1 合成"，按快捷键 Ctrl+K，修改像素长宽比为"D1/DVPAL（1.09）"，持续时间为 4.1 秒。全选该合成内所有图层，按 Ctrl+Alt+F 组合键，使所有素材大小自动适配到合成大小内，如图 6-24 所示。接下来的工作就是把所有静态素材动态化。

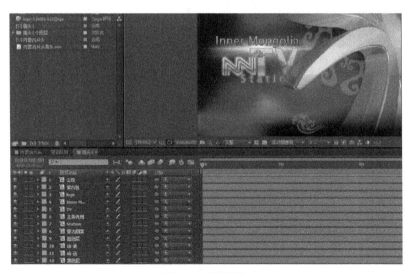

图 6-24　素材准备

（2）logo 调整与景深模拟。

①导入"镜头 01 文件夹"内的"镜头 1 序列"，将其拖拽到时间轴面板中，放置在"logo 层"之上并删除"logo 层"。

②在合成预览窗口绘制"矩形"蒙版，勾选"反转蒙版"并开启"蒙版羽化"，设置值为 67，如图 6-25 所示。

③选中"logo-3"层，按快捷键 Ctrl+D 重复一份，重命名为"logo-3 模糊"，用钢笔工具绘制模糊蒙版范围，设置"蒙版 2"为"相减"模式，并在该层添加

高斯模糊效果，如图 6-26 所示。

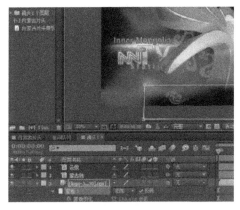 

图 6-25　logo 调整与景深模拟（1）　　　　图 6-26　logo 调整与景深模拟（2）

（3）logo 光斑制作。

①新建名为"logo 光斑"的黑色纯色层，添加"Light Factory"效果。

②修改该层的"混合模式"为"相加"模式，设置光斑"Light Source Location"位置在 logo 银色边缘上。

③在 0 秒位置按下"Light Source Location"前码表，设置到 4 秒的光斑位移动画，如图 6-27 所示。

图 6-27　logo 光斑制作

（4）文字动画制作。

①选中"TV"层，按 P 键打开位置属性，制作文字在 0～4 秒从右至左的位移动画。给该层添加"CC Light Sweep"效果，并制作其"Center"属性的位移扫光动画，"0、2、2.5、3.5 秒"处的值分别为"58，260""446，260""458，260""82，260"，如图 6-28 所示。

图 6-28　文字动画制作（1）

②选中"Inner Mongolia"层，按 P 键打开位置属性，制作文字在 0～4 秒从左至右的位移动画。

③选中"Station"层，按 Ctrl+D 复制一份，重命名为"Station 模糊"并暂时关闭显示。再次选中"Station"层，按 S 键显示缩放属性，制作 1～4 秒的缩放动画，缩放值为"88, 88～105, 105"；按 T 键显示透明度属性，制作在 1～1.15秒透明度由"0%～57%"的动画。

④选中"Station 模糊"层，开启显示。添加"定向模糊"效果，"方向"设置为 90 度，"模糊长度"为 5，配合键盘"["](]"键，修剪图层长度为 10帧左右，图层透明度为 40%，再将该层按快捷键 Ctrl+D 复制两份，分别放置在如图位置，并在时间轴面板中错开显示时间和位置，如图 6-29 所示。

图 6-29　文字动画制作（2）

（5）文字光斑制作。

①新建黑色纯色层，重命名为"文字光斑"，放置该层到"主体光斑"层位

置，修改该层的"混合模式"为"相加"模式，并且删除"主体光斑"层。

②为该层添加 Light Factory 效果，点击"选项"按钮，在光斑预制窗口选择"Smudge Lens"光斑，点击"OK"按钮后，在效果控件面板中，0 秒时打开 Angle 属性码表，制作 0～4 秒旋转 0°～180°的动画，如图 6-30 所示。

图 6-30　文字光斑制作

（6）图案制作。

①导入"图案 .png"素材，放置该层到时间轴并替换掉旧的"图案层"。

②修改该层为 3D 层模式，配合移动、旋转工具，放置该层到 logo 后侧位置并形成仰视透视角度。在 0 秒处打开 Z 轴旋转的码表，设置 0～4 秒旋转 45°的动画。

③按快捷键 Ctrl+D 复制一份"图案"层，重命名为"图案 2"，并放在"图案层"下，添加"CC Light Burst"效果，修改"Ray Length"值为 70。

④选中整两个图案层，按 Ctrl+Shift+C 组合键预合成两层为一个预合成组，修改该预合成的混合模式为叠加模式，如图 6-31 所示。

图 6-31　图案制作

（7）方片粒子制作。

①导入"方片粒子"序列素材，放置该层到时间轴的"蓝色层"之上。

②单击右键→"时间"→"时间伸缩",将"新持续时间"修改为 15 秒,以减慢动画速度。

③修改该层的"混合模式"为"经典颜色减淡",不透明度为 60%,并添加"发光"效果,修改其移动、旋转和缩放到合适位置。复制一份"文字光斑"层,重命名为"方片光斑",放置层在"方片层"之上并修改其缩放、旋转和位置。如图 6-32 所示。

图 6-32　方片粒子制作

(8)弧光制作。

①导入"弧光"序列素材,放置该层到时间轴的"蓝色层"之上。

②修改该层的混合模式为"叠加",修改其移动、旋转和缩放,在时间轴面板中将素材开始时间放在 2.11 秒处。

(9)云纹制作。

①选中"云纹"层,放置该层到时间轴的"logo 层"之下。

②修改该层的混合模式为"经典颜色减淡",设置 0 ~ 4 秒的位移动画。

③为该层添加波纹效果,设置参数如图 6-33 所示。

图 6-33　云纹效果制作

④最终图层排列顺序如图 6-34 所示，完成"镜头 1"制作。

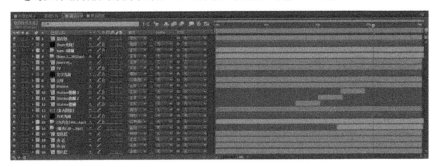

图 6-34　最终图层顺序

2."镜头 5"制作

（1）素材准备。

①以合成方式导入"镜头 5.psd"，双击进入该合成，按快捷键 Ctrl+K，修改像素长宽比为"D1/DVPAL（1.09）"，持续时间为 5 秒。全选该合成内所有图层，按 Ctrl+Alt+F 组合键使所有素材大小自动适配到合成大小内。

②导入"镜头 5"序列、"动态云"序列素材，拖拽两素材到时间轴面板。

③选中动态云层，单击右键→"时间"→"时间伸缩"，将"新持续时间"修改为 12 秒，以减慢动画速度。

④新建一个摄像机层，在摄像机"预设"中选择"28mm 摄像机"。

⑤将除"文字层（内蒙古电视台、TV、蒙文）"和"logo-5 层"之外的所有层点击右键转换为"3D 图层"，并且在"2 个视图"窗口中设置层的前后顺序和大小关系，如图 6-35 所示。

图 6-35　素材准备

（2）镜头穿梭动画制作。

①选中"摄像机 1"层，打开"2 个视图"预览窗，在 5 秒位置将摄像机的"目标点"和"位置"两个属性前"码表"按钮按下，在 0 秒位置将摄像机向前推，

实现拉镜头效果，如图 6-36 所示。

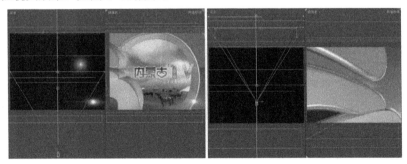

图 6-36　镜头穿梭动画制作

②选中"摄像机 1 层"，设置"焦距"为"186 毫米"，"模糊层次"为"300%"，增加景深效果。

（3）其他元素动画制作。

①将内蒙古电视台层和 TV 层选中，按 Ctrl+Shift+C 组合键将其预合成为名为"内蒙古电视台"的合成，为其添加"CC Light Sweep"效果，参数和动画方式参考"镜头 1"。

②将蒙文层的"混合模式"修改为"相加"模式，制作蒙文 0~5 秒的由下至上的位移动画。

③ Station 文字及动画方式可以从"镜头 1"合成中拷贝至"镜头 5"合成中修改得出，具体时间点如图 6-37 所示。

图 6-37　其他元素动画制作

④ TV 文字的光斑和 logo 光斑均用 Light Factory 制作，具体操作请参考"镜头 1"方法。

⑤"蓝色方片粒子"序列也转换为 3D 层，随摄影机运动而变化。

3. "镜头 7"制作

（1）素材准备。

①以合成方式导入"镜头 7.psd"，双击进入该合成，按快捷键 Ctrl+K，修改像素长宽比为"D1/DVPAL（1.09）"，持续时间为 7 秒。全选该合成内所有图层，按 Ctrl+Alt+F 组合键使所有素材大小自动适配到合成大小内。

②导入"镜头7"序列，拖拽该素材到时间轴面板。

（2）logo动画制作。

①由于"logo-7序列"动画时长不够，而"镜头7"加定版时间一共要7秒时长，所以要把logo序列的最后一帧作为定版使用，导入时选择"logo-7序列"的最后一帧，确保去掉"TGA序列"的勾选，将素材导入并放置在"logo-7序列"的结尾处，如图6-38所示。

②观察动画，发现"logo-7序列"的最后一帧比分镜头设计稿大，所以手工调节"移动"和"缩放"的关键帧，"logo-7.tga"素材也要同样设置。如图6-39所示。

图6-38 logo动画制作（1）

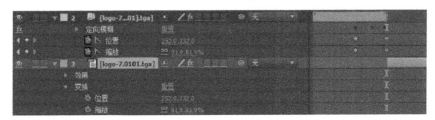

图6-39 logo动画制作（2）

③为logo-7序列层添加定向模糊效果，设置"模糊长度"的动画关键帧，模拟logo旋转时的运动模糊和logo停止时取消运动模糊。

（3）定版文字动画。

①选中"定版文字"和"文字背景"层，按快捷键Ctrl+Shift+C将其预合成，并重命名为"定版标版"。

②为"定版标版"绘制"矩形蒙版"，设置"蒙版羽化"值为20，并制作蒙版打开的动画。如图6-40所示。

图6-40 定版文字动画（1）

③导入"蓝色光线"序列并复制一份，旋转光线素材为竖排，绘制"矩形蒙版"，

设置"蒙版羽化"值为140，并制作向左向右打开的位移动画。当"蓝色光线"快走到左右边缘时，设置透明度动画为100%～0%，实现消失效果。如图6-41所示。

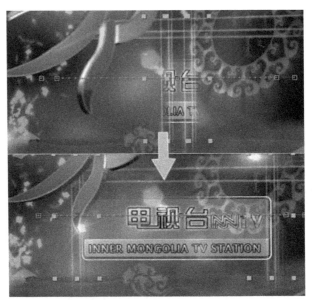

图6-41　定版文字动画（2）

④在"定版标版"层显现出的时间段，设置"内蒙古电视台"文字的透明度为0%～100%，实现文字显现动画。同时把"蓝色光线"序列放置在"内蒙古电视台"文字层后面，随文字层一同显现。

（4）其他元素动画制作。

①"图案"动画方法同"镜头1"。

②"光斑"动画方法同"镜头1"。

③"蓝色方片粒子"动画方法同"镜头1"。

④"云纹"动画方法同"镜头1"。

⑤"蒙文"动画方法同"镜头1"。

⑥草原和蒙古包动画制作了简单的位移动画，注意离镜头近的景物移动略快，离镜头远的景物移动略慢，模拟移镜头效果。

（5）总片合成制作。

①将剩余镜头全部制作完成后，把"镜头1-7"的合成都放置在"内蒙古电视台片头"合成组中，并按顺序排列好。

②结合音乐，细致调整每组镜头的精细位置，做到音画对位。

③镜头间的转场处理均是"叠化"方式，可以在每组镜头的开始和结尾制作透明度为"0%～100%"或"100%～0%"的关键帧，实现"叠化"的转场方式。

④预览最终效果。全片效果如图6-42所示。

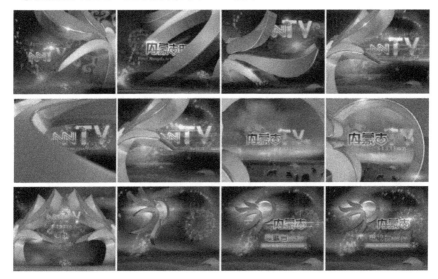

图6-42 全片效果图

第三节 影视特效在商业广告中的综合应用

大多数电视商业广告分为商品广告和形象广告（包括企业形象广告、品牌形象广告）两类。前者的目的是推销商品，后者的目的是推广企业理念，树立和强化品牌形象,提高公众的认知度和忠诚度,增强产品的竞争力,提高它的市场份额。

一、商业广告的特点

首先，电视广告能够综合视听两方面的优势，运用各种手法将画面与声音、静态与动态交融，声形并茂，使广告感染力、说服力大大增强。同时，电视广告具有造梦功能和引导效果，以一种更为感性的诉求方式让受众具体直观地感受到一种不俗的生活情调与情感氛围，能够深深地击中受众的内心深处。

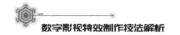
二、电视商业广告制作流程

20 世纪 70 年代末，中国电视业在改革开放中重新起步，电视广告制作也由此产生。经过几十年的发展，电视广告客户对制作的要求也越来越高，"重播出，轻制作"的观念开始被人们所摒弃。电视广告制作所遵循的规律一直是电视广告制作人不断研究和探讨的话题。如今的电视广告，可以说是铺天盖地、五花八门。

具体而言，一个好的电视广告的制作可以分四个步骤进行。

（一）创意

任何自觉的活动总是为一定的目的而进行的。创意的首要依据是确定好的主题，另一条依据就是挖掘消费者的心理特点和需求。广告创意的方法主要有以下几种。

1. 针对主体展开想象

无论是设计者的广告作品创意还是受众对广告作品的接受，在头脑中都要浮现出许许多多过去感知到的对象形象，这些形象的恢复是一种表象的活动，在创意活动中，重要的是对这些记忆表象进行加工改造，使其形成新的形象。想象的过程是对过去形成的暂时神经联系进行新的结合的一种创造过程，就是这个过程产生了新的形象。

2. 收集心理素材

任何一条电视广告的创意都是建立在许多具体素材收集上的，素材可以来自当前的客观对象事物，也可以来自头脑中存储的客观对象的形象。对当前对象的直接反映是知觉映象，而对过去感知的对象在头脑中再现出来，则称为表象或记忆表象。广告创意就是要收集"当前"和"过去"存储于心理上的素材，并用它再创作出新的形象。

3. 进行创造想象

不依据现成的描述而独立创造新形象的过程，称作创造想象。创造新形象有以下三个方法：（1）把有关各个成分联合成完整的新形象；（2）把不同对象中部分形象合成新形象；（3）突出对象的某种性质或它与其他对象之间的关系，从而创造出新形象。

4. 受众再造想象

在现实生活中，人们对于那些客观存在的但未曾遇到过的对象，会凭着语言文字的描述或图示，而在人们脑中有关的表象基础上建立起相应的形象。这种依据语言的描述或图示在人脑中形成相应的新形象过程叫作再造想象。受众的这种"再造想象"越强烈，就说明创意越深刻。

（二）广告文案创作

要创作出好的广告文案，首先要消化产品与市场调研的相关资料，然后用20～30字的文字将产品描述出来，这些文字包括产品的特点、功能、目标及消费群等几个方面的内容。紧接着应考虑文案能向观众传递何种信息，作出何种承诺，这一点很重要，因为没有承诺就没有人会买你的东西，承诺越具体越真实越好。但是，千万不要许下连你自己都不想要或根本得不到的承诺。好的广告文案可以打动许多漠不关心、漠然视之的消费者。

（三）电视广告的拍摄

电视广告综合多种艺术手段，以声画结合的形式来表现和推销商品。它由以下几个要素构成：画面要素（镜头、机位、演员、摄影用光等）、声音要素（人声、乐声、音响）、时间要素（人对电视广告的认知时间、视听的时间把握、电视广告时间长度与内容关系）。

与其他艺术形式的广告相比，电视广告必须以传达信息的特性为基础，以通俗性、时间性、新颖性为原则，并使之有机地贯穿于整个广告之中。在拍摄中应当考虑以下几个因素：确定中心画面、蒙太奇手法、长镜头、时间关系、节奏感等。

（四）后期制作

后期制作要突出镜头语言。在进行视频编辑时，要运用好大全景、全景、中景、特写、大特写与拍摄内容之间的关系。在编辑的后期制作中，还要把握好组接语言，即分切、画面语言的节奏、镜头组接的规则等。因为作为电视广告的摄像是一种过程，不像新闻摄影那样，只抓拍新闻事件的"决定性瞬间"，即所谓"瞬间精华"。伴随着视听市场的发育成长，电视广告制作方面的竞争不断加剧，许多媒体和广告公司拿出大量的资金，投向高科技、重装备、高消耗的电视制作业。这当然也大大激发了电视制作人的热情。作为电视广告制作人，还需与各种

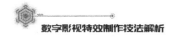

不同专业知识相结合，成为掌握先进技术和艺术的复合型人才。

三、商业广告制作实例

（一）案例描述

为某艺术节的 5 周年回顾片制作一套包装，包括节目片头和标版动画。由艺术节提供 logo（文件名为：绽放 LOGO.psd），如图 6-43 所示，片名为"青春绽放艺术节"。

图 6-43   "青春绽放艺术节"logo

画面规格为：1920×1080，25fps，输出格式为 mov，选择 H.264 编码，质量为 100%。

在这个案例中，我们需要综合运用 Photoshop、Premiere 和 AE 多种软件来进行设计和制作。

（二）片名定稿设计

首先是对于 logo 的分析，在 Photoshop 中，为本个片头设计片名的定稿画面。

（1）在 Photoshop 中新建一个新的文件（文件名可设定为：片名定版设计），其分辨率为 1920×1080，颜色空间为 RGB，像素宽高比为 1。

（2）将艺术节提供的 logo（文件名为：绽放 LOGO.psd）导入到新建的"片名定版设计"文件中。

（3）随后对文字进行重新处理和排版。"青春"二字是本片名重点。通过 logo 背景色，调整"青春"二字的填充颜色。通过选择工具对"青春"二字进行分层处理。

将文件中的"背景"图层复制一层，与"青春"图层进行编组。调整"背景"图层的位置和颜色，使得画面色彩和谐。为"青春"图层添加投影和描边效果，使得该文字具备立体感。

（4）接下来，对"绽放艺术节"图层进行处理。为了增加文字的识别性和立体感，为该图层添加描边和投影的效果。效果如图 6-44 所示。

图 6-44　片名定稿设计效果图

（三）片头素材画面处理

在本案例中，客户提供了一组画面，包含艺术节的部分导师、参与者以及演出海报，均为静态图片，在色彩、尺寸、画面风格、构图等方面均有区别，需要寻找一种方式进行统一处理，打破原先静态图片呆板的状态，使得这一组画面显得更加整体化且具有动感，如图 6-45 所示。

图 6-45　画面素材

1. 项目和合成的建立

（1）在 AE 中新建项目，导入素材。为了便于后期对于素材的管理，可在项目窗口中建立素材文件夹，并进行合理的命名，如图 6-46 所示。

（2）新建合成，其设定为 1920×1080，25fps。其后将素材导入到新建的合成"photo1"中。由于第一张图片为竖版，通过添加纯色层的方式为合成添加背景（图 6-47）。

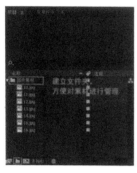 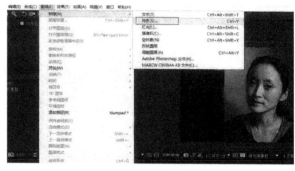

图 6-46　项目和合成的建立（1）　　　图 6-47　项目和合成的建立（2）

（3）在背景图层上添加"四色渐变"效果，通过对四点颜色的控制，获得与前景色彩相似的背景色。

（4）对前景图片添加蒙版，调整蒙版羽化值，使得前景画面边缘与背景色能够较好的融合在一起。

2. 画面切片分割处理

（1）再新建一个合成，命名为"合成1"，将"photo1"拖入"合成1"中。

（2）在"合成1"中，将"photo1"复制一层，在复制好的图层上添加蒙版，随后对缩放属性和位置属性进行缩放，获得一个错位的图案。添加"投影"效果，通过更改"距离"和"柔和度"属性，获得一个好看的投影效果，使得画面具有一定的立体感。

（3）再复制几层，运用相似的方法，通过调整蒙版形状、位置和缩放等属性，获得一个有层次，有变化的画面。需要注意的是，在进行画面切割的时候，尽量不要对主要人物的脸部、眼睛等部位进行切割，保证主体在画面中的位置，如图 6-48 所示。

图 6-48　画面切片分割处理

3. 镜头动画节奏调整

（1）为了让画面获得动态节奏，首先将所有的图层转化为三维图层，与此同时，添加一个摄像机。通过对摄像机的动画设定来控制画面节奏。

（2）对"位置"和"Z 轴旋转"的关键帧进行设定，来调整摄像机动画。为了让动画更加柔和，可以将关键帧的运动类型改变为"缓动"。

（3）为了使得画面更具层次感，可以再添加一个点光源层。这样，第一个镜头的基本处理就完成了。

（4）以相似的手法处理其余镜头，如图 6-49 所示。

图 6-49　镜头动画节奏调整

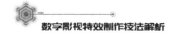
4. 片名动画制作

项目窗口中，以"合成"的形式导入之前处理好的"片名定版设计 .psd"，以更好地保留 Photoshop 中的图层信息，随后可以选择"合并图层样式到素材"。因为在本项目中，将不再调整 Photoshop 中的图层样式信息。可以通过为导入的新合成添加摄像机，以完成镜头动画。

（四）镜头综合处理

（1）新建一个合成，命名为"final"，参数设定为 1920×1080，25fps，然后将之前已经处理好的合成按照时间顺序排列好。

（2）为了让画面在色彩上更加丰富和具有动感，现在需要在合成上添加一些动态的光和色彩。在"final"合成中，新建一个图层命名为"深灰色纯色 2"，在该图层上添加一个"四色渐变"的效果，调整四个点的颜色。

（3）调整四个色点的颜色，于此同时，为四个点的位置添加关键帧，获得一个动态的四色渐变。

（4）调整"切换开关 / 模式"，调整该图层与下层的叠加方式为"相加"。

（5）为该图层的不透明度属性添加关键帧，调整其属性，直至获得令人满意的动态光线叠加效果。

（6）为了让画面具有更加动感的效果，在画面上叠加部分动态粒子。

（7）在项目中新建文件夹，命名为"粒子"，然后导入一组已经有的粒子素材，并将已经导入的粒子素材排列好。

（8）将"粒子"合成添加到"final"合成中。将其与下层的叠加方式修改为"相加"。

由此，获得本个片头的基本动画和效果处理。

（五）镜头综合输出

（1）对"final"合成进行输出。

（2）在渲染队列中，点击"输出模块"的"无损"标签，对输出格式进行设定。根据要求，选择"Quick Time"。然后再点击"格式选项"，对其编码和质量进行选择。

（3）在"视频编解码器"中选择"H.264"，并将画面品质调整为 100 后即可进行输出。

（4）成片效果如图 6-50 所示。

图 6-50

图 6-50　成片最终效果

参考文献

[1] 王越, 王宁宁, 王欣. 影视特效技术与制作 [M]. 重庆：重庆大学出版社, 2018.

[2] 张路, 陈启祥, 邢恺. 影视后期特效合成 [M]. 合肥：合肥工业大学出版社, 2018.

[3] 邓雪峰. 影视合成与特效 [M]. 北京：中国铁道出版社, 2016.

[4] 周德富. 影视特效制作教程 [M]. 北京：人民邮电出版社, 2010.

[5] 陈玲. 影视特效制作 [M]. 上海：上海人民美术出版社, 2018.

[6] 徐正坤. 影视特效制作 [M]. 北京：电子工业出版社, 2009.

[7] 陈志. 影视特效艺术与设计 [M]. 长沙：湖南美术出版社, 2011.

[8] 黄卓. 数字影视后期制作 [M]. 北京：化学工业出版社, 2014.

[9] 金日龙. After Effects CC 影视后期制作标准教程 [M]. 北京：人民邮电出版社, 2016.

[10] 刘峰, 吴洪兴, 赵博. 数字影视后期制作 [M]. 北京：中国广播电视出版社, 2013.

[11] 侯全军, 吴前飞. 影视特效实例教程 [M]. 北京：人民邮电出版社, 2010.

[12] 李伟. 影视特效镜头跟踪技术精粹 [M]. 北京：人民邮电出版社, 2014.

[13] 刘生亮, 吴万明. 影视特效基础教程 [M]. 重庆：重庆大学出版社, 2016.

[14] 欧君才. 影视特效 [M]. 北京：北京航空航天大学出版社, 2014.

[15] 郝冰. 影视特技制作 [M]. 北京：中国电影出版社, 2007.

[16] 吴兵, 苗健. 影视数字制作技术 [M]. 北京：国防工业出版社, 2012.

[17] 宋茂强. 影视视觉特效 [M]. 南昌：江西教育出版社, 2009.

[18] 刘荃. 影视后期特效制作理论与实践 [M]. 北京：中国广播电视出版社, 2006.

[19] 毛颖，余伟浩．影视后期特效合成 [M]．北京：中国轻工业出版社，2011.

[20] 杨恒，张瑞．影视后期特效 [M]．武汉：华中科技大学出版社，2014.

[21] 倪洋．影视后期合成特效 [M]．上海：上海人民美术出版社，2008.

[22] 李晖，徐丕文．影视特效与后期合成 [M]．北京：北京师范大学出版社，2014.

[23] 谢晓昱，霍智勇．影视动画特效与合成 [M]．南京：江苏科学技术出版社，2010.

[24] 杨轮．影视动画特效后期合成技术的应用与研究 [M]．北京：北京理工大学出版社，2017.

[25] 李学明．数字影视技术概论 [M]．北京：高等教育出版社，2012.

[26] 胡铮.三维影视特效设计与制作：Maya 实现 [M].北京：机械工业出版社，2010.

[27] 环球数码（IDMT）．动画传奇——Maya 后期特效 [M]．北京：清华大学出版社，2011.

[28] 王鸿海，李金辉．电影视觉特效的数字制作 [M]．北京：中国电影出版社，2014.

[29] 王怡峥．CG 影视特效制作揭秘 [M]．北京：人民邮电出版社，2012.

[30] 王毅．CG 影视特效实例制作与赏析 [M]．南京：东南大学出版社，2011.